Harald Chmela

Experimente mit Hochfrequenz

Harald Chmela

Experimente mit Hochfrequenz

Faszinierende Effekte mit elektromagnetischer Energie

Mit 117 Abbildungen
2., überarbeitete und erweiterte Auflage

Franzis'

Die Deutsche Bibliothek – CIP-Einheitsaufnahme

Ein Titeldatensatz für diese Publikation ist bei
Der Deutschen Bibliothek erhältlich

Satz: DTP-Satz Kugge, München
Druck: Offsetdruck Heinzelmann, München
Printed in Germany - Imprimé en Allemagne.

ISBN 3-7723-5846-2

Vorwort

Hochfrequenz spielt in unserem Leben eine entscheidende Rolle. Denken Sie nur an Radio und Fernsehen, an Mobiltelefone oder Satelliten. Überall findet Hochfrequenz hauptsächlich zur Nachrichtenübertragung ihre Anwendung. Doch auch, wenn sie sich ein Glas Wasser im Mikrowellenherd wärmen oder mit ihrem Auto in eine Radarfalle fahren, sind hohe Frequenzen im Spiel. Wir können sie nicht sehen, riechen oder schmecken. Hohe Leistungen spüren wir zwar in Form einer Erwärmung, doch meist merken wir überhaupt nichts.

Die Unerreichbarkeit der Hochfrequenz hat zur Folge, dass ein richtiges Mysterium darum veranstaltet wird. Viele Auswirkungen der Hochfrequenz werden oft als fauler Zaubertrick abgetan oder einfach in den Bereich der höheren Physik verlagert. Wer versucht, selbst mit Hochfrequenz zu experimentieren, stößt schnell auf unvorhergesehene und manchmal auch unlösbare Probleme. Es scheint, als sei dieser Bereich der Technik nicht so zugänglich wie die herkömmliche Elektronik oder die Digitaltechnik.

Dieses Buch versucht den Schleier der Verwirrung um die Hochfrequenz zu enthüllen. Anhand von vielen, faszinierenden Experimenten werden die Eigenschaften dieser Energieform anschaulich und praxisnah demonstriert.

Durch detaillierte Beschreibungen von Geräten wird das notwendige Hintergrundwissen für den Aufbau von Hochfrequenzschaltungen vermittelt.

Es soll vor allem Tüftlern und Hobbybastlern helfen, das Thema Hochfrequenz zu erschließen. Mit den selbstgebauten Geräten werden dann die Experimente mit Hochfrequenz noch interessanter.

Das Buch kann nicht bei den Grundlagen der Elektrotechnik und Elektronik beginnen. Ein Basiswissen auf diesem Gebiet ist für das Verständnis notwendig. Hier geht es hauptsächlich um den richtigen Umgang mit Schaltungen und Geräten der HF-Technik. Es wird nicht auf theoretische Details eingegangen, und wenn, dann nur zur Untermauerung der Auswirkungen in der Praxis.

Vorwort zur zweiten Auflage

Der Band wurde jetzt zum ersten Mal überarbeitet. Es wurden einige Zeichnungen für ein leichteres Verständnis eingefügt und natürlich kleine Fehler korrigiert, doch leider hat sich auch in der Schaltung zum Mittelwellensender ein gravierender Fehler eingeschlichen. Bei allen, die einen Nachbau vergeblich versucht haben, möchte ich mich hiermit entschuldigen.

Zusätzlich gibt es jetzt auch die Anleitung für den Bau eines kleinen Teslatrafos, der mehr den Ansprüchen von Hobbybastlern gerecht wird als der Hochleistungs-Teslatrafo. Der als Tischmodell gefertigte Klein-Teslatrafo in Kapitel 6 ist mit seiner Funkenlänge von 10 cm ideal für Experimente mit Teslaspannungen.

Einige Kritiker haben mir immer wieder vorgeworfen, dass ich mit meinen Röhrenschaltungen etwas altmodisch sei. Dem muss ich gleich entgegenbringen, dass auch heute noch bei leistungsstarken Sendern, vor allem im höheren Frequenzbereich, immer noch Röhren eingesetzt werden.

Doch für den Selbstbau ergeben sich schon allein wegen der hohen Spannungen natürlich einige Nachteile bei der Verwendung von Röhren. Im Experimentierbetrieb wiederum sind Röhren gutmütiger und verzeihen auch eine kurzzeitige Überlastung, was bei Halbleitern nicht der Fall ist.

Der Leser möge diese Vor- und Nachteile für sich selbst abwiegen und dann entscheiden, was er nachbauen will. Die zweite Auflage bietet auf jeden Fall diese Wahlmöglichkeit an, denn sie wurde in Kapitel 4 um den 40 W Transistor Mittelwellensender erweitert. Um dem Standard von Bauanleitungen in der Elektronik gerecht zu werden, sind in diesem Kapitel auch die vollständigen Platinenlayouts enthalten.

Achtung vor dem Nachbau !

Mit dem Nachbau sollten nur jene beginnen, die schon Erfahrung auf dem Gebiet der Elektrotechnik und der Elektronik haben.

Die Qualität eines Aufbaues hängt sehr stark von der Fertigung des Gehäuses bzw. der Schirmungen ab. Es sind also auch Kenntnisse auf dem Gebiet der Mechanik bzw. des Maschinenbaues notwendig.

Hier die wesentlichen Punkte die unbedingt zu beachten sind:

- In Röhrenschaltungen werden hohe Spannungen in Verbindung mit Kondensatoren verwendet. Eine Berührung eines aufgeladenen Kondensators oder netzspannungsführenden Teils kann lebensgefährlich sein.
- Eine Berührung mit der Hochfrequenz kann bei höheren Leistungen Verbrennungen der Haut verursachen. Bei Mikrowellen ist besondere Vorsicht geboten. Da sie dem Licht sehr ähnlich sind, können Verbrennungen der Netzhaut auftreten.
- Bei allen Experimenten muss auf die Abschirmung der Hochfrequenz geachtet werden. Um keine Funkdienste bzw. Fernseh- oder Radiosender zu stören, muss sich der gesamte Aufbau in einem HF-dichten Gehäuse befinden.
- Ein Sender darf nie an einer offenen Antenne betrieben werden. Es muss immer eine Kunstantenne verwendet werden, die keine Abstrahlung von Hochfrequenz zulässt.
- Der Autor ist Amateur und kein Wissenschaftler. Er übernimmt keine Verantwortung für die Richtigkeit der hier gemachten Angaben und für beim Nachbau eventuell auftretende Schäden und Folgeschäden an Sachen und/oder Personen.

Lassen sie also Vorsicht walten und machen Sie nichts Unüberlegtes. Für Ihre Experimente wünsche ich Ihnen viel Spaß und gutes Gelingen.

Ing. Harald Chmela

Inhalt

1 5W Röhrenoszillator

Dieses Kapitel beschreibt die Funktionsweise und den Aufbau eines Gegentakt-Röhrenoszillators. Er wurde hauptsächlich für Experimente mit Hochfrequenz entwickelt, die etwas mehr Leistung erfordern. Das ist immer dann der Fall, wenn ein Lämpchen zum Leuchten gebracht werden soll. Ein Lämpchen ist übrigens eine einfache und wirkungsvolle Methode, die Anwesenheit von Hochfrequenz festzustellen.

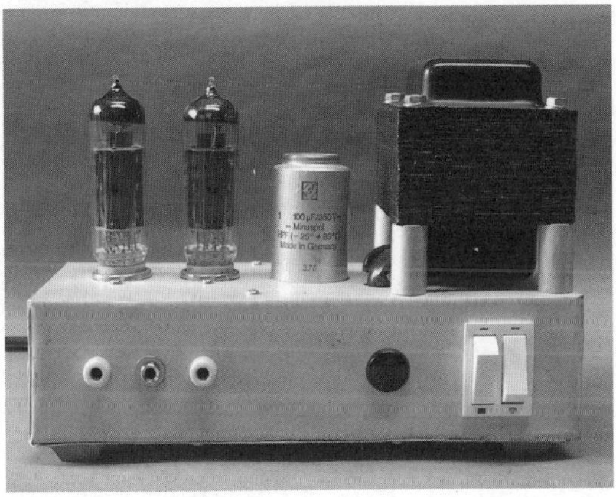

Abb. 1: 5W Röhrenoszillator

Der Generator in Abb. 1 erzeugt eine Frequenz im Bereich von 150-180 MHz, die auch während des Betriebes verstellt werden kann. Die maximale Ausgangsleistung beträgt ca. 5 W an 240 Ω. Die Auskopplung ist komplett galvanisch von der Netzseite getrennt und lose gewählt. Dadurch können verschiedenste Lasten ohne großen Anpassungsaufwand betrieben werden.

1.1 Schaltungsbeschreibung

Abb. 2 zeigt den Schaltplan des Oszillators. Die ersten Bauteile nach dem Netzanschluss bilden einen Entstörfilter, der HF-Auskopplungen auf die Netzseite verhindert. Unerwünschte Hochfrequenz, die vom Trafo Richtung Netz fließen würde, findet an der Induktivität L1 bzw. L1' (39 mH) einen hohen Widerstand vor und wird an den Netzklemmen über den Kondensator C1

(0,1 µF) abgeleitet. Der Entladewiderstand R1 (560 kΩ) ist unbedingt vorzusehen, da der Kondensator aufgeladen sein könnte, wenn die Schaltung vom Netz getrennt wird. Dann würde am Netzstecker die Spannung stehen bleiben.

Der Trafo hat zwei Sekundärwicklungen, welche die Spannungen für den Heiz- und Anodenkreis erzeugen. Es ist sehr wichtig, dass die Schaltung durch den Trafo galvanisch vom Netz getrennt wird, da der Massepunkt der Gleichrichterschaltung mit dem Gehäuse, also mit dem Schutzleiter, verbunden ist.

Im Heizkreis liegt der 1 Ω Widerstand R4, der zur Einschaltstrombegrenzung der kalten Röhren dient. Wird ein richtiger Röhrentrafo, z.B. aus einem alten Radio oder Fernsehgerät, verwendet, ist dieser Widerstand nicht erforderlich, da bei solchen Trafos der Einschaltstrom wickeltechnisch durch eine erhöhte Streureaktanz begrenzt wird. Das heißt, die Heizwicklung ist meist die oberste und somit loser an die Primärwicklung gekoppelt als die darunter liegenden Wicklungen.

Da die beiden Röhrenheizungen in Serie geschaltet sind, sollten nur zwei gleich alte Röhren verwendet werden. Es ist aber auch möglich, bei entsprechend niedrigerer Trafospannung beide Röhren parallel zu schalten. Bei einer Serienschaltung sollte in jedem Fall kontrolliert werden, ob sich die Spannung gleichmäßig auf beide Röhren aufteilt. Die beiden Kondensatoren C6 und C11 (10 nF), die parallel zu den Heizanschlüssen geschaltet sind, dienen zur Ableitung der Hochfrequenz, die sich in den Heizkreis einkoppelt.

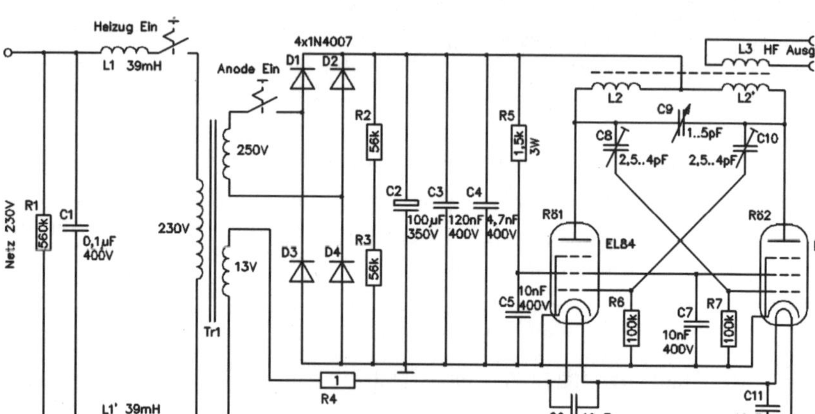

Abb. 2: Schaltung des Röhrenoszillators

Die Spannung für den Anodenkreis wird durch die Dioden D1 bis D4 (4x1N4007) gleichgerichtet und anschließend geglättet. Die Glättung erfolgt in mehreren Stufen. Die Hauptglättung übernimmt der 100 µF Elko C2, der aber schon eine relativ hohe Induktivität besitzt. Deshalb werden noch weitere kleinere Kondensatoren parallel geschaltet. Der letzte Kondensator sollte ein keramischer Typ sein, um die HF optimal zu überbrücken. R2 und R3 entladen die Kondensatoren, damit im ausgeschalteten Zustand keine Spannung im Gerät bleibt.

Tabelle 1: Betriebsdaten der EL84 (=6BQ5)

Heizspannung:	6,3 V
Heizstrom:	0,76 A
Anodenspannung:	300 V
Anodenstrom im Arbeitspunkt:	10 mA
Max. Anodenverlustleistung:	12 W
G2-Spannung:	250 V
G2-Strom:	1,1 mA
G1-Vorspannung:	-14,7 V

Der Oszillator wurde mit zwei EL84 (=6BQ5) Pentoden aufgebaut. Diese Röhren sind eigentlich keine HF-Röhren, sie sind aber sehr großzügig aufgebaut. Sie haben einen großen Abstand zwischen Anode und Kathode, wodurch auch die parasitären Kapazitäten relativ klein werden. Die Röhre lässt sich problemlos bis zu 180 MHz verwenden. Allerdings sinkt dann natürlich die Nutzleistung stark ab. Bei 180 MHz leisten zwei Röhren maximal noch 5 W anstelle von 34 W in einer AB-Gegentakteinstellung bei NF. Aber 34 W HF sind für die meisten Versuche ohnedies schon zuviel, und da diese Röhren in fast jedem altem Radiogerät verwendet wurden, ist auch die Beschaffung kein Problem.

Bei der EL84 ist das Bremsgitter (=g3) schon intern mit der Kathode verbunden. Deshalb muss nur das Schirmgitter (=g2) mit R5 (1.5 kΩ/3 W) auf die Anodenspannung gelegt werden. Im Betrieb ergibt sich damit eine g2-Spannung von ca. 250 V. Um ein Schwingen des Gitters zu vermeiden, sollten die beiden Kondensatoren C5 und C7 (10 nF) möglichst nahe am Sockel der Röhre auf Masse gelegt werden. Die negative Vorspannung für das Steuergitter (=g1) wird durch die zwei Widerstände R6 und R7 (100 k Ω) erzeugt, die es gleichstrommäßig auf Masse legen. Ähnlich wie unter Punkt 2.1.1 beschrieben, fungieren hier die Kondensatoren C8 und C10 als Strombegrenzung bei positiver Gitterspannung.

Die Rückkopplungskondensatoren C8 und C10 sind variabel gewählt (2,5-4 pF), da ihre Werte etwas kritisch sind. Sie leiten einen Teil der Anodenspannung auf das Steuergitter der jeweils anderen Röhre zurück und regen so eine Schwingung an.

Im Anodenkreis befindet sich der eigentliche Schwingkreis, der aus den zwei gleichen Spulenhälften von L2 und dem symmetrischen Plattendrehkondensator C9 (1-5 pF) besteht. Ein ähnlicher Typ ist in *Abb. 17* dargestellt. Die Schwingkreisspule hat zwei Windungen mit 13 mm Durchmesser. Im Abstand von ca. 1 cm davon befindet sich die Auskoppelspule, die ebenfalls zwei Windungen mit 15 mm Durchmesser hat.

Tabelle 2: Wickeldaten der Spulen im Oszillator

L2, L2‘:	2 Windungen, Anzapfung bei einer Windung
	13 mm Innendurchmesser
	1,5 mm dicker Silberdraht
L3:	2 Windungen, Abstand zu L2 ca. 10 mm
	15 mm Innendurchmesser
	1,5 mm^2 Kupferdraht

1.2 Schaltungssimulation

Von dieser Schaltung wurde auch ein PSpice Modell (Version 6.3 unter Windows 95) angefertigt, an dem man vor dem Nachbau die Einflüsse der einzelnen Bauteile testen kann. Die dabei erreichten Werte stimmen zwar nicht mit den tatsächlichen überein, denn dazu müssten alle parasitären Kapazitäten und Induktivitäten berücksichtigt werden. Es lässt sich aber ein Überblick über das Verhalten der Schaltung gewinnen. Besonders der Einfluss der Koppelkondensatoren auf die Schwingungsneigung kann so ausgetestet werden. Bei zu hohen Werten tritt eine Pendelschwingung auf und die Hauptschwingung reißt ab.

Die notwendigen Röhrenmodelle für die EL84 sind zwar auch nicht für Hochfrequenz entworfen worden, funktionieren aber trotzdem. Wichtig ist nur, dass der Gitterstrom richtig simuliert wird, da das für den C-Betrieb wesentlich ist. Ohne Strom kann die Rückkopplung über die Kondensatoren nicht richtig arbeiten. Bei Hochfrequenz muss vor allem die Gitterkapazität berücksichtigt werden, da diese zusammen mit den Koppelkondensatoren einen kapazitiven Spannungsteiler bildet. Bei vielen einfachen Modellen wird der Gitterstrom automatisch als Null angenommen. Dann erhält man schnell astronomische Spannungen im GV-Bereich.

Die Simulation in *Abb. 3* beschreibt einen Oszillator, der mit zwei EL84 aufgebaut ist. Es ist, wie gesagt, keine perfekte Nachbildung der Realität, welcht aber ohnehin nie möglich ist.

Die g2-Spannung wird der Einfachheit halber aus einer zweiten Spannungsquelle gewonnen. Die Heizspannung wird bei Röhren fast nie simuliert. Da die Röhrenmodelle bei höheren Frequenzen sehr stark von der Realität abweichen, ist der Schwingkreis nur auf ca. 2 MHz abgestimmt. Es ist aber auch eine höhere Frequenz möglich.

Das Ergebnis in *Abb. 4* zeigt deutlich, wie die Schaltung arbeitet. Es ist die Ausgangsspannung und die beiden Gitterspannungen dargestellt. In der obigen Schaltung sind diese Messpunkte durch die V-Meter gekennzeichnet. Die Messung erfolgt immer gegen Masse. Die positiven Spitzen der Gitterspannung steuern die jeweilige Röhre auf, wodurch der Schwingkreis angeregt wird. Sehr schön ist die 180° Phasenverschiebung der beiden Gitterspannungen zu sehen. Dieses Muster ist charakteristisch für eine Gegentaktschaltung.

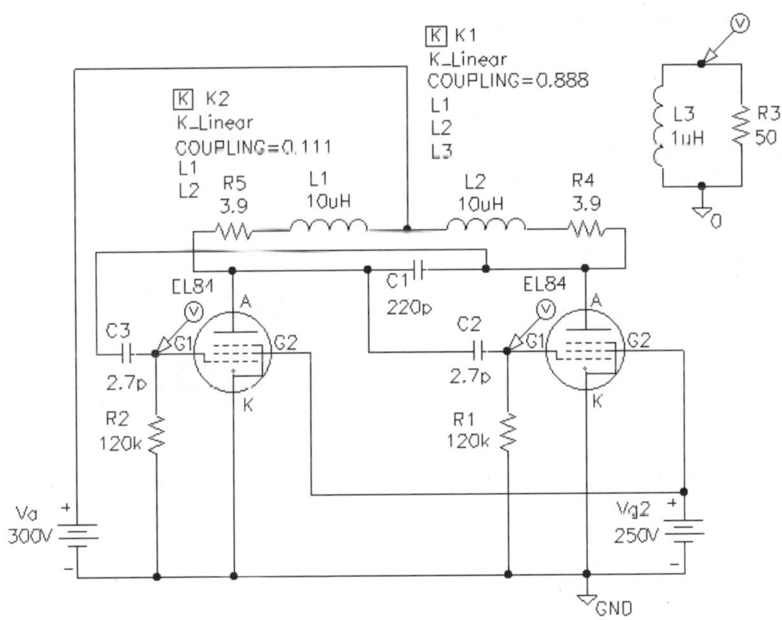

Abb. 3: Schaltung zur Simulation des Oszillators

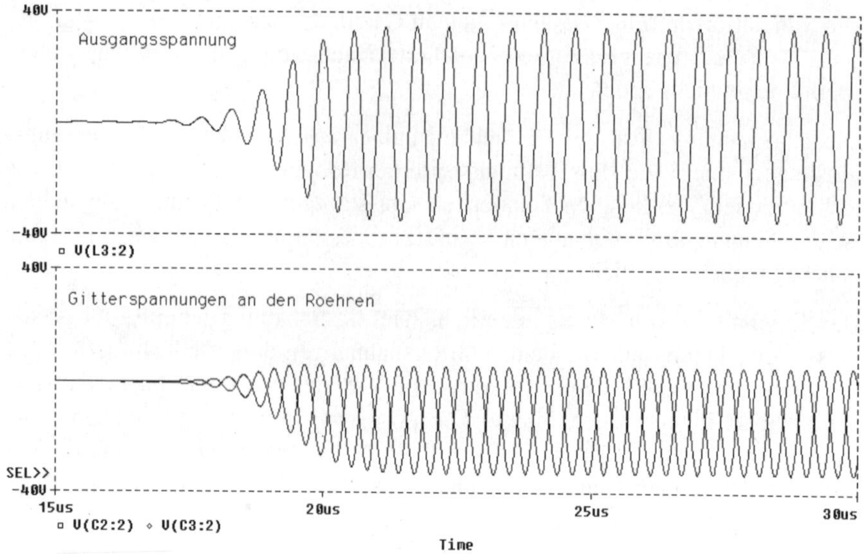

Abb. 4: Simulationsergebnis des Gegentakt-Oszillators

1.3 Aufbau

Das Innenleben des Generators ist in *Abb. 5* dargestellt. Links im Bild ist der Netzfilter am Kaltgerätestecker zu sehen, daneben die Sicherung. An der Vorderseite befindet sich der Schalter und die Kontrollleuchte. Danach folgen der Gleichrichter, die Entladewiderstände und die Glättungskondensatoren. Hinter dem Kondensator ist der g2-Widerstand zu sehen. Im rechten Teil befindet sich der eigentliche Oszillator mit dem Schwingkreis. Auf der Hinterseite ist der Schwingkreiskondensator C9 so angebracht, dass er von außen verstellbar ist. Dieser Kondensator muss ein HF-tauglicher Plattenkondensator sein. Als Dielektrikum kommt hier eigentlich nur Luft in Frage. Ein keramischer Drehkondensator ist meist mit der auftretenden HF-Spannung überfordert, die bis zum doppelten der Anodenspannung betragen kann. Auch für die Koppelkondensatoren C8 und C10 gilt ähnliches. Sie müssen aber einen nicht so großen Strom führen. Ein keramischer Drehkondensator mit ausreichender Spannungsfestigkeit kann hier schon verwendet werden.

Parallel zu C9 liegt die Schwingkreisspule L2 mit der Mittelanzapfung an der Gleichrichterschaltung. Die Auskoppelspule steht L2 gegenüber und ist direkt an die Ausgangsbuchsen angelötet.

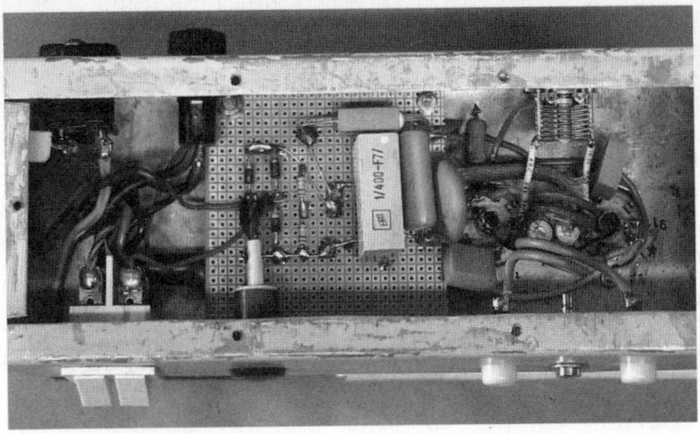

Abb. 5: Innenansicht des HF-Generators

Im Schwingkreis fließen sehr hohe Ströme, so dass es sich empfiehlt, zumindest für die Schwingkreisspule einen Silberdraht zu verwenden. Da durch die hohe Frequenz eine Stromverdrängung an die Oberfläche des Leiters (=Skineffekt) erfolgt, kann auch ein versilberter Kupferdraht oder ein versilbertes Kupferrohr verwendet werden.

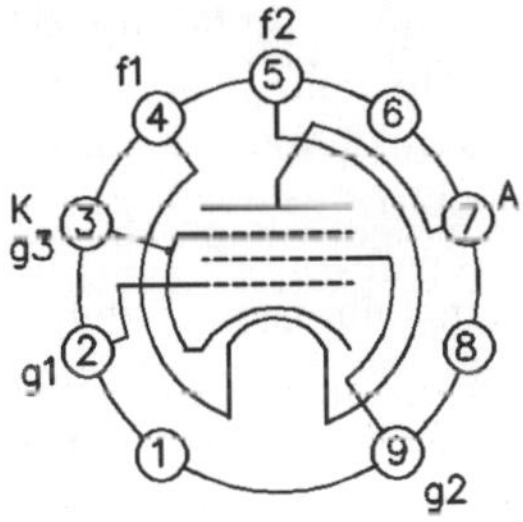

Abb. 6: Sockelschaltung der EL84 (von unten)

Beim Aufbau von HF-Schaltungen sollte man immer auf einwandfreie Massepunkte und kurze Leitungslängen achten. In diesem Modell sind die Kathoden beider Röhren direkt am Sockel mit dem Gehäuse verbunden und die Gleichrichterschaltung auch am Gehäuse geerdet.

Die Schaltung ist eine Gegentaktschaltung. Das heißt, beide Röhren liefern abwechselnd Energie in den Schwingkreis. Aus diesem Grund sollten beide Röhren möglichst gleich beschaltet werden. Das ist durch einen mechanisch symmetrischen Aufbau des Schwingkreises zu erreichen. Am besten dreht man dazu die Röhrensockel so, dass die Anodenanschlüsse sich gegenüberliegen. Siehe dazu *Abb. 6*. Dazwischen lässt sich dann der Schwingkreis symmetrisch zu beiden Röhren anbringen.

Wichtig ist ferner eine symmetrische Zuführung der Anodenspannung auf die Mittelanzapfung von L2. Zu beachten ist, dass auch in diese Zuleitung HF von beiden Spulenhälften eingekoppelt wird. Die Leitung ist also besonders im Nahbereich der Spule symmetrisch zu beiden Spulenhälften zu führen.

Auch die beiden Zuleitungen zum Drehkondensator koppeln HF in die Zuführung der Anodenspannung ein und sollten deshalb weit von ihr entfernt oder komplett symmetrisch zu ihr sein. Es ist auch möglich, die Zuleitung durch das Spuleninnere zu führen, wie es beim Kunststoffschweißgerät unter *Abb. 114* sehr schön zu sehen ist.

Eine gut geglättete Versorgungsspannung ist zwar wichtig, jedoch sollte kein Kondensator direkt an der Schwingkreisspule auf Masse gelegt werden. Die Induktivität des kurzen Stücks Draht hilft eventuelle Unsymmetrien auszugleichen.

Allgemein muss immer auf unerwünschte Einkopplungen in alle Leitungen in der Nähe des Schwingkreises geachtet werden. Wenn man bedenkt, dass mit zwei Windungen im Abstand von 1 cm vom Schwingkreis immerhin 5 W ausgekoppelt werden, kann man sich vorstellen, wie groß das Feld um den Schwingkreis herum ist. Die Stärke des Feldes lässt sich mit Hilfe eines Lämpchens leicht feststellen. Lötet man eine Drahtschleife wie in *Abb. 7,* an den Sockel, so ist das Lämpchen eine gute Sonde für HF.

Um Einkopplungen wirklich zu vermeiden, hilft nur ein komplett getrennter Aufbau des Schwingkreises, um ihn vom Rest der Schaltung abzuschirmen. Das ist sehr schön beim Kunststoffschweißgerät unter Punkt 9 ausgeführt. Dort ist es wegen der hohen Leistungen sowieso unumgänglich. Bedenken sie nur, was passiert, wenn sich 50 W HF in den Heizkreis einkoppeln und eine Röhre, die normal mit 50 W beheizt wird, plötzlich 100 W erhält.

Das kann aber auch schon bei den hier weitaus kleineren Leistungen dazu führen, dass die beiden Röhren bei Betrieb mit HF unterschiedlich hell glühen. Ist das der Fall, dann hilft es oft, weitere Kondensatoren (wie C6 und C11) über die beiden Heizanschlüsse und gegen Masse zu legen.

Gleiches gilt auch für das g2, nur dass hier eine unerwünschte Einkopplung zu einer instabilen Schwingung oder zu einem Leistungsabfall führen kann.

1.4 Versuche mit dem Oszillator

1.4.1 Die Induktionsschleife

Den ersten Versuch, den ich hier vorstellen möchte, werden sicher alle, die mit Hochfrequenz schon vertraut sind, leicht durchschauen. Auf einem Glas liegt eine Glühlampe (6 V,50 mA). Am Lampensockel ist eine Drahtschleife von ca. 4 cm Durchmesser angelötet. Am Generatorausgang befindet sich eine ähnliche Drahtschleife. Wird die Hochfrequenz eingeschaltet, so beginnt die Lampe ohne eine Verbindung mit dem Generator zu leuchten. In *Abb. 7* ist diese drahtlose Energieübertragung dargestellt.

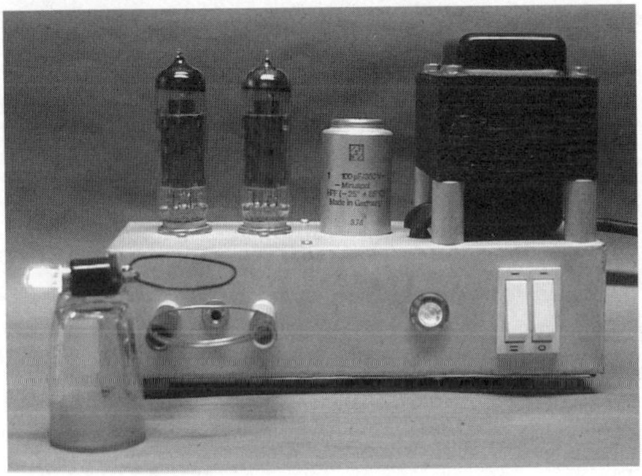

Abb. 7: Induktionsschleife

Theoretischer Hintergrund

Dieser Versuch beruht auf der Energieübertragung durch magnetische Wechselfelder wie beim Transformator. Mit steigender Frequenz nimmt die Windungsspannung nach dem Induktionsgesetz in Formel 1 linear zu.

Zur Herleitung wird eine sinusförmige Spannung angenommen und nach t differenziert. Das Ergebnis für den Effektivwert der induzierten Spannung zeigt deutlich, dass dieser mit steigender Frequenz zunimmt. Bei entsprechend hoher Frequenz ist es somit möglich, in nur einer Windung eine Spannung von 6 V zu induzieren.

$$u_{(t)} = N\frac{d\phi}{dt} \quad \text{mit } \phi_{(t)} = \phi_P \sin(\omega t) \quad \text{folgt für } u_{(t)}:$$

$$u_{(t)} = 2\Pi f N \phi_P \cos(\omega t) \Rightarrow u_p = 2\Pi f N \phi_P$$

Der Effektivwe rt von u_p ist dann:

$$U = \frac{u_P}{\sqrt{2}} = \frac{2\Pi f N \phi_P}{\sqrt{2}} = \underline{\underline{4{,}44 * f * N * \phi_P}}$$

N.....Windungszahl

f.......Fr equenz in Hz

ϕ_P.....Spitz enwert des magnetischen Flusses in Vs

U......Eff ektivwert der induzierten Spannung in V

Formel 1: Herleitung des Induktionsgesetzes

Noch ein Tipp

Bei diesem Modell ist in der Drahtschleife am Generator ein kleiner Trick versteckt. Es ist ein Kondensator von 1 pF in einem der Bananenstecker eingebaut. Dieser liegt in Serie zur Drahtschleife. Dadurch entsteht bei der richtigen Frequenz eine Serienresonanz, wodurch ein sehr starkes Feld erzeugt wird. Dann leuchtet die Lampe auch noch in einem Abstand von 5 cm.

Sehr effektvoll wirkt auch der Versuch mit der Energiesparlampe in *Abb. 8*, die in die Drahtschleife gesteckt wird. Sie leuchtet fast so hell wie im Normalbetrieb ohne galvanische Verbindung mit dem Generator. Dieser Versuch funktioniert auch mit einer defekten Lampe, denn meistens sind nur die Heizfäden durchgebrannt, und die werden hier nicht unbedingt benötigt.

Sollte die Leistung des Generators nicht ausreichen, um die Röhre im kalten Zustand zu zünden, so kann man sie mit den Heizanschlüssen an einen Pol des Generators halten. Wenn sich das Gas dann einmal erwärmt hat, leuchtet es auch ohne direkte Verbindung weiter.

Ist noch eine gute Heizwendel vorhanden, so kann man diese auch zum Vorheizen benutzen. Der Trick funktioniert auch mit Leuchtstoffröhren. Allerdings benötigen diese eine höhere Leistung.

Abb. 8: Energiesparlampe in der Spule am Oszillatorausgang

1.4.2 Die Eindrahtlampe

Der nächste Versuch in *Abb.* 9 ist dagegen schon etwas eindrucksvoller. An einem Ausgang des HF-Generators ist eine Glühbirne (6 V, 50 mA) angeschlossen, der andere ist mit dem Gehäuse (Erde) verbunden. Die Lampe beginnt trotz der fehlenden Rückleitung zu leuchten. Für den Laien kann das schon nach Trick oder Photomontage aussehen. Um das auszuschließen, wurde die Lampe auch auf ein Glas gestellt. Denn es gibt einfach keine Rückleitung!

Bei einer hochfrequenztechnischen Betrachtung wird die Sache klarer.

Theoretischer Hintergrund

Bei so hohen Frequenzen spielt die Kapazität eine große Rolle. Kapazität ist überall dort vorhanden, wo sich leitende Flächen gegenüber stehen. Deshalb gibt es auch eine sehr kleine Kapazität zwischen Lampensockel und Generatorgehäuse bzw. anderen geerdeten Teilen in der Umgebung der Lampe. Da der kapazitive Widerstand nach Formel 2 mit der Frequenz abnimmt, erreicht man schon mit einer Kapazität von 1 pF bei 180 MHz einen Widerstandswert von 884 Ω.

Bei genügend hoher Leistung (=Spannung) des Generators reicht das aus, um einen Strom fließen zu lassen, der das Lämpchen zum Leuchten bringt.

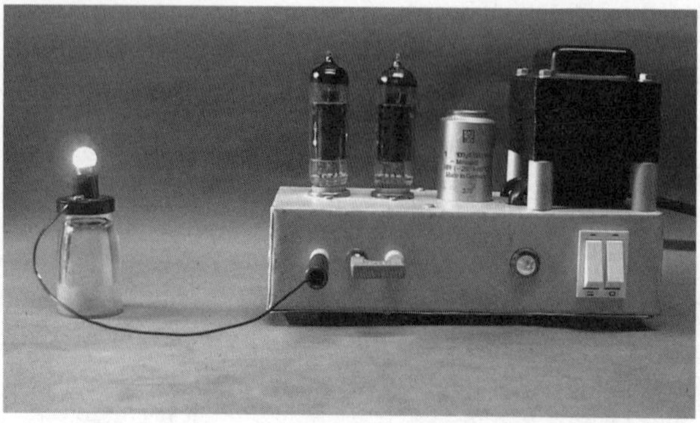

Abb. 9: Eindrahtlampe: An nur einem Pol angeschlossen

$$X_C = \frac{1}{2\Pi fC} = \frac{1}{2\Pi * 180 * 10^6 Hz * 1 * 10^{-12} F} = 884{,}2\Omega$$

X_C.....Kapazitiver Widerstand in Ω

f.........Frequenz in Hz

C........Kapazität in F

Formel 2: Kapazitiver Widerstand

Tipps

Beim Nachbau dieses Versuches sollte man etwas mit der Drahtlänge experimentieren. Denn bei diesen hohen Frequenzen kommt es schon zu Abstrahlungen bei zu langen Drähten. Außerdem bilden sich Stromknoten entlang der Leitung. Wenn die Lampe genau in solch einen Knoten gelegt wird, leuchtet sie besonders hell. Das lässt sich auch durch Ändern der Frequenz erreichen. Außerdem ist es wichtig, die Zuleitung am Fußkontakt des Sockels anzuschließen. Der freie Außenkontakt hat eine größere Fläche, was die Kapazität erhöht und mehr Leuchtkraft bringt.

1.4.3 Die Paralleldrahtleitung

Das Verhalten von hochfrequenten Wechselströmen lässt sich am besten an einer Paralleldrahtleitung demonstrieren. Dazu spannt man einfach zwei blanke, 0,3 mm dicke Drähte im Abstand von ca. 3 cm auf eine Länge von mindestens 3 m. Ein Ende der Leitung wird mit dem HF-Generator verbunden, das andere bleibt frei. Mit diesen Drähten wird ein Lämpchen (12 V,50 mA) über zwei Schleifkontakte verbunden. Wird das Lämpchen entlang der Drähte verschoben, so leuchtet und erlischt es immer wieder, obwohl der HF-Generator dauernd eingeschaltet bleibt.

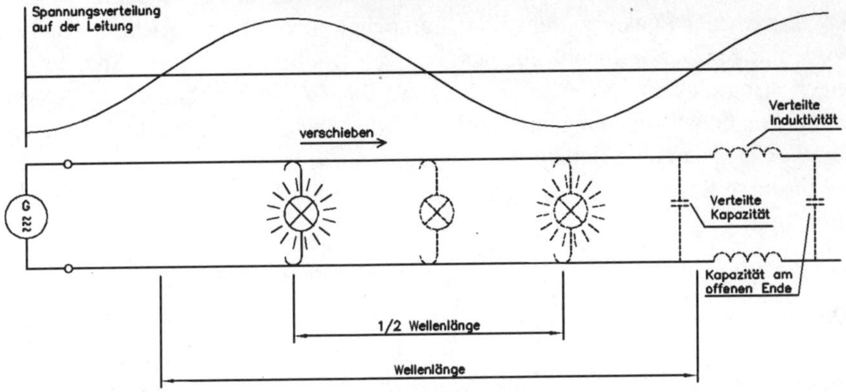

Abb. 10: Stehende Welle auf einer Paralleldrahtleitung

Theoretischer Hintergrund

Bei so hohen Frequenzen wirkt sich schon die Laufzeit des Stroms aus. Wenn eine Wechselspannung am Eingang der Leitung angelegt wird, läuft sie wie eine Welle vom Generator weg. Noch bevor sie das Ende der Leitung erreichen kann, hat sich schon die Polarität am Eingang geändert. Es laufen also immer positive und negative Spannungsbäuche in Richtung Leitungsende. Diese werden am offenen Ende der Leitung reflektiert und laufen zum Generator zurück.

Eine Reflexion entsteht immer dort, wo sich der Wellenwiderstand, also das L und C, einer Leitung ändert. Der Wellenwiderstand wird nach Formel 4 berechnet. Das offene Ende stellt eine Unterbrechung in dieser Verteilung von L und C entlang der Leitung dar. Am offenen Ende tritt eine zu hohe Kapazität auf. Diese speichert die Energie in Form von Spannung und gibt sie dann wieder in die Leitung ab. Ebenso würde sie an einem kurzgeschlossenen Ende reflektiert werden, nur ist dann die Spannung am Leitungsende Null. Die Energie wird in der überhöhten Induktivität der Leitung in Form von Strom zwischen gespeichert. Nur wenn eine Leitung mit dem gleichen ohmschen Widerstand abgeschlossen ist wie ihr Wellenwiderstand, wird keine Leistung reflektiert. Es gibt dann keine Stoßstellen, und die Leistung wird verlustfrei vom Generator zum Abschlusswiderstand übertragen.

Die reflektierten Wellen überlagern sich mit den nachkommenden Wellen, wodurch eine sogenannte stehende Welle erzeugt wird. Diese Spannungsverteilung ist in *Abb. 10* dargestellt. Wenn sich ein positiver mit einem negativen Spannungsbauch überlagert, so erfolgt eine Auslöschung, und das Lämpchen leuchtet an dieser Stelle nicht. Wird es jedoch in eine Zone verschoben, in der sich zwei gleichgerichtete Spannungsbäuche überlagern, dann leuchtet es. Der Abstand zweier Punkte in denen das Lämpchen leuchtet, entspricht der halben Wellenlänge. Denn sowohl ein positiver, als auch ein negativer Spannungsbauch bringt das Lämpchen zum Leuchten. Das soll aber nicht heißen, dass am Lämpchen Gleichspannung anliegt! Die Kurve *Abb. 10* zeigt nur die Verteilung der Wechselspannung entlang der Leitung an. 90° phasenverschoben dazu ist die Stromverteilung in der Leitung. Wo wenig Spannung ist, ist viel Strom und umgekehrt.

Aus der Wellenlänge lässt sich mit Formel 3 auf die Frequenz zurückrechnen.

Wenn zwischen zwei Spannungsbäuchen z.B. 87 cm gemessen werden, ergibt das eine Frequenz von 172,4 MHz. Für eine überschlagsmässige Berechnung reicht es aus, die Lichtgeschwindigkeit mit 300.000 km/s $=3*10^8$ m/s anzunehmen. Will man es ganz genau rechnen, müsste auch noch der Verkürzungsfaktor der verwendeten Leitung berücksichtigt werden. Denn die Wellen breiten sich entlang einer Leitung etwas langsamer aus als im freien Raum.

$$\lambda = \frac{c}{f} \Rightarrow f = \frac{c}{\lambda} = \frac{c}{2*l} = \frac{3*10^8\, m/s}{2*0.87m} = 172{,}4MHz$$

λ....Wellenlänge in m

l.....Gemessene Länge in m

f.....Frequenz in Hz

c.....Lichtgeschwindigkeit in m/s

Formel 3: Berechnung der Frequenz aus der Wellenlänge

Wer etwas Zeit in Experimente investiert, dem gelingt es, einen Abschlusswiderstand für die Leitung zu finden, bei dem das Lämpchen über die gesamte Länge fast immer gleichmäßig hell leuchtet. Dann sind alle Widerstände gleich, und es wird ein Großteil der Leistung auf den Abschlusswiderstand übertragen. Die Leitung ist dann angepasst.

Der Wellenwiderstand der Leitung ist nur vom Abstand und vom Durchmesser der beiden Drähte abhängig. Als Abschlusswiderstand sollte nur ein induktivitätsarmer Massewiderstand verwendet werden. Natürlich muss er auch die Leistung verkraften können. Eventuell müssen mehrere Widerstände parallel und/oder in Serie geschaltet werden. Bei der hier beschriebenen Leitung liegt der optimale Abschlusswiderstand etwa bei 140 Ω.

Man sollte aber auch mit mehreren Lämpchen experimentieren, da ein Lämpchen einen relativ großen Anteil der Leistung benötigt, muss es ebenfalls an die Leitung angepasst sein.

Der Wellenwiderstand ist kein direkt messbarer Widerstand. Ein Koaxkabel hat keinen höheren ohmschen Widerstand als ein gewöhnliches Kupferkabel. Der Wellenwiderstand wird nur durch die Induktivität im Kurzschluss und die Kapazität im Leerlauf der Leitung bestimmt. Laut Definition ist er das geometrische Mittel aus der Kurzschlussimpetanz Z_K und der Leerlaufimpetanz Z_0.

Für die Herleitung des Wellenwiderstandes in Formel 4 sind zwei vereinfachende Annahmen getroffen worden. Bei einer Leitung kann mit guter Näherung im Leerlauf der Längswiderstand, also der Kupferwiderstand, und im Kurzschluss der Querwiderstand, also der dielektrische Verlustwiderstand, vernachlässigt werden. Bei realistischen Leitungen unterscheiden sich die jeweiligen Werte um viele Zehnerpotenzen, wodurch das Ergebnis nur minimal verfälscht wird.

$$Z_W = \sqrt{Z_0 * Z_K} \quad Z_0 = \frac{1}{\omega C} \quad Z_K = \omega L$$

$$Z_W = \sqrt{\frac{\omega L}{\omega C}} = \sqrt{\frac{L}{C}}$$

Z_0.....Leerlaufimpedanz, Kapazitiver Widerstand
Z_K....Kurzschlussimpedanz, Induktiver Widerstand
Z_W...Wellenwiderstand

Formel 4: Wellenwiderstand einer Leitung

Anhand des Verhaltens des Lämpchens lassen sich auch die Oberwellen des Generators, also die Abweichungen von der Sinusform, beurteilen. Wenn höhere Frequenzen überlagert sind, äußert sich das in mehreren Helligkeitsänderungen innerhalb der halben Wellenlänge. Bei nur einer Frequenz ändert sich die Helligkeit gleichmäßig innerhalb der halben Wellenlänge. Ist jedoch bei Bewegung des Lämpchens ein Flackern, also eine schnelle Helligkeitsänderung mit geringer Amplitude dem sonst sinusförmigen Helligkeitsverlauf überlagert, dann sind Oberwellen vorhanden. Auch wenn der Übergang von dunkel zu hell nicht in beide Richtungen um die Nullstelle herum symmetrisch verläuft, sind Oberwellen vorhanden.

Alle hier dargestellten Bilder sowie Videos zu den Experimenten und das PSpice Modell finden sie im Internet auf der HC&RS Home Labor Page.

HC&RS Home Labor Page:	`Http://www.hcrs.htl-hl.ac.at`
VHF Röhrenoszillator:	`Http://www3.htl-hl.ac.at/homepage/hcrs/vhfosz.htm`

2 Gegentakt-Verstärker

Im vorigen Kapitel haben wir einen selbstschwingenden Leistungsoszillator kennen gelernt. Zum besseren Verständnis von Gegentaktschaltungen wird jetzt ein Verstärker nach diesem Prinzip beschrieben.

Ein selbstschwingender Oszillator hat einige gravierende Nachteile. Da der frequenzbestimmende Schwingkreis direkt an den Lastkreis gekoppelt ist, findet eine starke Beeinflussung durch die Last statt. Die Frequenz kann sich vom Leerlauf zur Volllast um mehrere 100 kHz ändern. Auch die Stabilität der Schwingung wird durch die Last beeinflusst. Die Schwingung kann unter ungünstigen Lastverhältnissen aussetzen oder sogar abreißen.

Solche einfachen Oszillatoren werden nur im industriellen Bereich eingesetzt, wo keine großen Anforderungen an die Frequenzstabilität gestellt werden. Das Kunststoffschweißgerät, das in Kapitel 8 beschrieben wird, ist sehr ähnlich aufgebaut.

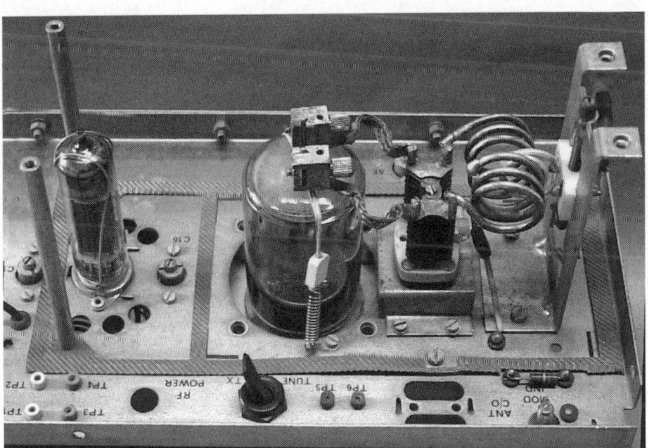

Abb. 11: Gegentakt-Verstärker (Schrimblech abgenommen)

All diese Probleme der Rückwirkung können umgangen werden, wenn eine Oszillatorstufe geringer Leistung an einen Leistungsverstärker angeschlossen wird. Der Oszillator wird dadurch weniger und vor allem gleichmäßiger belastet, was seine Stabilität erhöht. Die Rückwirkung über die vielen Stufen des Verstärkers ist dann schon so gering, dass sie meist vernachlässigt werden kann, obwohl sie dennoch vorhanden ist.

Abb. 11 zeigt einen solchen zweistufigen Verstärker. Er ist für den Frequenzbereich um 80 MHz herum ausgelegt. Vermutlich stammt er aus einem alten Militär-Sender. Seine Ausgangsleistung beträgt ca. 75 W. Die Verstärkung ist sehr hoch, so dass diese Leistung schon mit ca. 100 mW Eingangsleistung erreicht wird.

Der Verstärker eignet sich besonders gut für frequenzmodulierte Signale. Er besitzt eine Bandbreite von ca. 500 kHz, in der er ohne Nachstimmung betrieben werden kann.

Amplitudenmodulierte Signale sind für die direkte Verstärkung nicht geeignet. Durch den C-Betrieb der Röhren werden die Signale nicht amplitudengetreu übertragen. Es ist aber möglich, das Prinzip der Anodenmodulation anzuwenden und die Endstufe mit modulierter Anodenspannung zu versorgen. Siehe dazu unter Punkt 3.1.1.

Durch entsprechende Veränderung der Schwingkreise kann so ein Verstärker problemlos bis zu 150 MHz eingesetzt werden. Bei noch höheren Frequenzen werden die Spulen zu klein. Es empfiehlt sich dann parallel geführte Drähte, sogenannte Lecherleitungen, zu verwenden. Das parallele Führen verringert die Induktivität und ermöglicht so wieder eine vernünftige Fertigung der Spulen. Mit dieser Technik sind Frequenzen bis zu ca. 400 MHz beherrschbar. Die Leistung und vor allem die Verstärkung der Stufe sinkt aber mit steigender Frequenz ab. Für höchste Frequenzen sind nur noch Koaxialröhren verwendbar. Bedingt durch ihren Aufbau benötigen solche Röhren einen ebenfalls koaxial aufgebauten Schwingkreis, der wegen seiner runden Form oft auch als Topfkreis bezeichnet wird.

2.1 Schaltungsbeschreibung

Das Hauptproblem bei Gegentaktverstärkern ist die richtige Ansteuerung der beiden Hälften. Wie aus der Schaltungssimulation unter 2.2 hervorgeht, ist es notwendig, abwechselnd die eine und dann die andere Röhre durchzusteuern. Aus der NF-Technik kommen die Phasendreherschaltungen, die eine 180° Drehung der Eingangsspannung erzeugen. Das ist in der HF-Technik viel einfacher zu lösen. Es wird auf der Gitterseite ebenfalls ein Schwingkreis mit Doppelspule aufgebaut. Die Gitterspannungsversorgung erfolgt über die Mittelanzapfung der Schwingkreisspule. In diese Spule kann über eine zweite die HF-Spannung symmetrisch eingekoppelt werden. Im Schaltbild unter *Abb. 13* ist schön zu sehen, wie sowohl die Gitter- als auch die Anodenkreise symmetrisch aufgebaut sind.

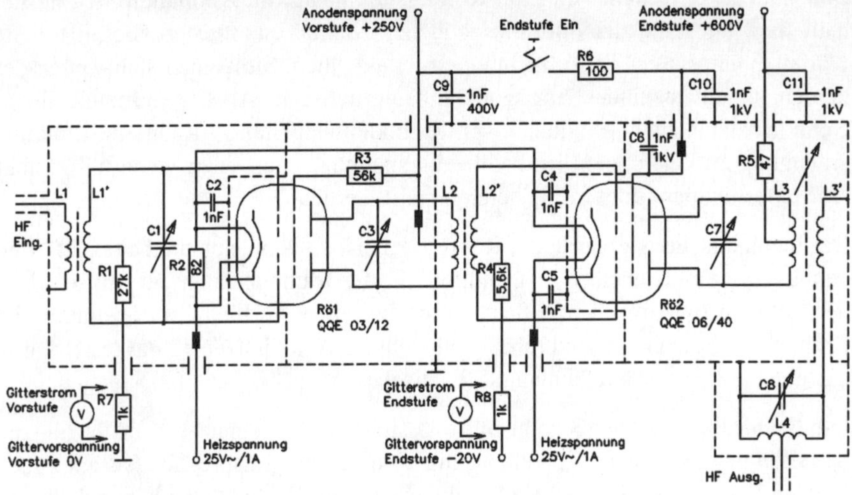

Abb. 12: Schaltung des Gegentakt-Verstärkers

Abb. 13: Doppeltetrode QQE 06/40

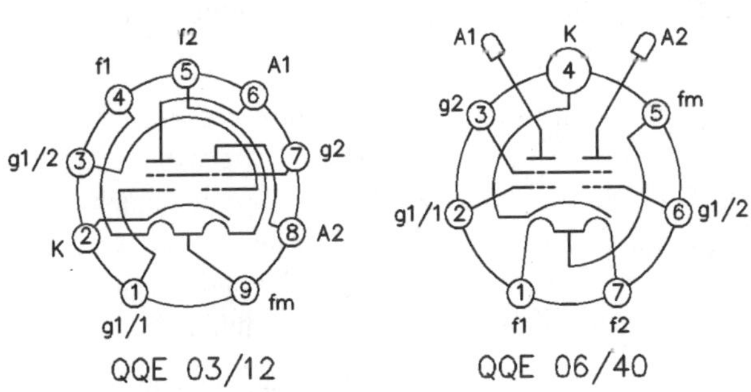

Abb. 14: Sockelschaltungen der Röhren (von unten)

Der Verstärker besteht aus zwei Röhrenstufen, die mit Doppeltetroden aufgebaut sind. Diese besitzen nur eine beheizte Kathode, ansonsten aber alle Teile von zwei getrennten Tetroden in einem Glaskolben. Sie eignen sich wegen der gemeinsamen Kathode sehr gut für automatische Arbeitspunkteinstellung. Denn hier ist es nicht möglich, einen Kathodenwiderstand zur Gitterspannungserzeugung zu verwenden. Eine Gittervorspannung muss hier, wenn nötig, über eine externe Spannungsquelle bereitgestellt werden.

Der mechanische Aufbau in der Röhre ist meist so, dass sich die beiden Hälften genau gegenüberstehen. Es ist unmöglich, die Kathode komplett mit den beiden Anoden bzw. mit den Gittern zu umschließen. Es bleibt ein Freiraum, die Kathode und die Gitter sind relativ gut sichtbar. Wie in *Abb. 12* dargestellt, gibt das einer solchen Röhre ein charakteristisches Aussehen.

Die Schaltung in *Abb. 13* zeigt nur den HF-Teil des Verstärkers. Alle nötigen Schaltungen zur Spannungsversorgung sind an den entsprechenden Klemmen anzuschließen und nicht weiter beschrieben. Alle Widerstände haben 1 W, sofern nicht anders angegeben.

L1 ist die auf Masse bezogene Einkopplung der HF. Die Spule L1', bildet mit C1 den Schwingkreis auf der Gitterseite der Vorstufe. Über R1 (27 kΩ) und R7 (1 kΩ) liegen der Mittelpunkt von L1' und somit auch die beiden Steuergitter (=g1) von Rö1 gleichstrommäßig auf Masse. An R7 kann der Gitterstrom in Form einer Spannung gemessen werden. Siehe dazu unter Punkt 2.1.1. Hier könnte auch optional eine negative Gittervorspannung angelegt werden. Dadurch kann eventuell die benötigte Steuerleistung der Röhre noch etwas verringert werden, und es wird ein erhöhter Strom ohne Ansteuerung verhindert. Es ist aber auch mit 0 V Gitterspannung ein stabiler und überlastsicherer Betrieb der Vorstufe zu erreichen.

Im Anodenkreis von Rö1 liegt der Schwingkreis C3 und L2. Die Anodenspannung gelangt über eine Ferritperle an den Mittelpunkt von L2. Über den Widerstand R3 (56 kΩ) wird dic Schirmgitterspannung aus der Anodenspannung erzeugt.

Aus L2 wird mit L2' die Leistung auf die Gitter der Endröhre Rö2 ausgekoppelt. Die Gitterspannung wird wieder auf die Mittelanzapfung von L2' geführt. Hier muss aber unbedingt eine externe, negative Gitterspannung angeschlossen werden, um eine Überlastung der Röhre ohne HF-Ansteuerung zu verhindern. Auf der Gitterseite von Rö2 gibt es keinen Schwingkreiskondensator. Da L2' relativ fest an L2 gekoppelt ist, wird praktisch C3 mitverwendet.

Der Ausgangskreis von Rö2 wird aus C7 und L3 gebildet. Die Anodenspannung wird über R5 zugeführt. Er gleicht eventuell vorhandene Unsymmetrien der beiden Hälften aus. Die g2-Spannung wird über R6 aus der Vorstufe entnommen. Soll die Endstufe anodenmoduliert werden, so muss die g2-Spannung aus der Anodenspannung über einen 10 kΩ Widerstand gewonnen werden, um eine Überlastung des Gitters bei geringer Anodenspannung zu vermeiden. Die Auskopplung aus L3 ist L3'. Die Kopplung kann durch Verändern des Abstandes eingestellt werden.

Der Schwingkreis aus C8 und L4 dient zur Anpassung an die Last. Hier wird durch richtige Wahl der Anzapfung an L4 der optimale Innenwiderstand des Generators eingestellt. Im allgemeinen muss der Widerstand durch eine kleinere Anzapfung des Ausgangs herabgesetzt werden. Es ist aber auch möglich, durch Zuführung der HF an die Anzapfung und deren Abgriff am Ende den Innenwiderstand und somit auch die erzeugte Spannung zu erhöhen.

Durch Abstimmen dieses Kreises wird gleichzeitig die übermäßig große Induktivität von L3', die ja wieder keinen Schwingkreiskondensator besitzt, kompensiert.

Zum Heizkreis ist noch zu sagen, dass hier die Heizspannung etwas seltsam erzeugt wird. Da die beiden Röhren unterschiedliche Heizströme haben, wird über Rö1 der Widerstand R2 gelegt, der den Unterschied ausgleicht. Beide Röhren können so mit ca. 25 V beheizt werden. C2, C4 und C5 schließen die Heizanschlüsse für HF kurz.

2.1.1 Automatische Gitterspannungserzeugung

Diese Schaltung hat den großen Vorteil, dass sie sich die negative Gittervorspannung selbst erzeugt. Beide Röhren werden immer abwechselnd ausgesteuert, so dass ihr Summenstrom dem einer Zweipulsgleichrichtung ähnelt. Er entsteht hier auf die gleiche Weise wie bei einem Trafo mit Mittelanzapfung und Zweipuls-Mittelpunktschaltung. Das vereinfachte Prinzip ist in *Abb. 15* dargestellt.

Die beiden G1-K Strecken stellen die hier gestrichelt gezeichneten Dioden dar. Wenn am Steuergitter eine positive Spannung anliegt, zieht es die emittierten Elektronen an, und es fließt sofort Strom über das Gitter. Dieser Strom wird durch den gemeinsamen Gitterwiderstand begrenzt. Er verhindert, dass die Röhre zu weit mit positiver Gitterspannung aufgesteuert wird. Liegt an der G1-K Strecke eine negative Spannung an, so zieht das Gitter keinen Strom, es wirkt also wie eine Diode.

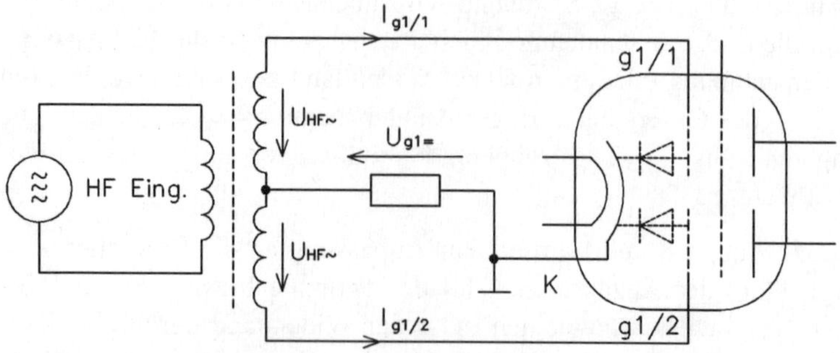

Abb. 15: Prinzip der automatischen Gitterspannungserzeugung

Der Eingangstrafo ist symmetrisch. Das heißt, die beiden Spannungen $U_{HF\sim}$ sind gleich groß. In der in *Abb. 15* gezeichneten Halbwelle fließt der Strom $I_{g1/1}$ über das Gitter g1/1. Das Gitter g1/2 erhält eine negative Spannung und lässt keinen Strom fließen. $I_{g1/2}$ ist demnach Null.

Die negative Gitterspannung für das Gitter g1/2 ergibt sich aus der Summe von $U_{g1=}$, die fast gleich $U_{HF\sim}$ ist und von $U_{HF\sim}$ des unteren Trafoteiles bei positiven $I_{g1/1}$. Sie ist also doppelt so groß wie die Trafospannung. In der negativen Halbwelle kehrt sich der Vorgang um. Dann ist $I_{g1/2}$ positiv und das Gitter g1/1 erhält die negative Spannung.

Die Gitterspannung wird somit automatisch aus der zugeführten HF erzeugt. Eine Röhrenhälfte erhält eine leicht positive Spannung und steuert durch, während die andere mit negativer Spannung sicher gesperrt wird. Die Sperrspannung von einer G1-K Dioden-Strecke dient demnach als ihre Gittervorspannung.

Der Nachteil dieser Methode ist, dass der Anodenstrom ansteigt, sobald die Ansteuerung ausfällt. Dann steigt die Gitterspannung beider Röhrenhälften auf 0 V an, und sie steuern durch.

2.2 Abstimmung

Die Abstimmung sollte immer von der Vorstufe zur Endstufe hin erfolgen. Zunächst wird der Verstärker nur mit HF versorgt und die Röhren vorgeheizt. Das führt dazu, dass die Gitterkreise schon annähernd jene Impedanz haben, die auch im Betrieb auftritt.

Als erster Schritt muss mit C1 der Eingangskreis der Vorstufe abgestimmt werden. Sehr gut lässt sich das bewerkstelligen, indem man die Spannung an R7 misst. Der gemeinsame Gitterstrom ist aufgrund der Gleichrichtung, wie unter Punkt 1.1.1 beschrieben, ein leicht messbarer Gleichstrom. Die Kathode ist der positive Ausgang der Gleichrichterschaltung. Da diese an Masse liegt, ist an der Mittelanzapfung von L1' eine negative Spannung zu messen.

Ist die Resonanzfrequenz von L1' und C1 richtig eingestellt, so ist eine negative Spannung von ca. 1 V an R7 gegenüber Masse zu messen. Es ist auf ein Spannungsmaximum abzugleichen.

Auf gleiche Weise ist auch der Schwingkreis L2, C3 abzugleichen, nachdem die Vorstufe mit der Anodenspannung von 250 V versorgt wird. Gemessen wird dazu die Spannung an R8. Hier muss allerdings schon mit minus 15 V gerechnet werden, denn die Vorstufe liefert schon einige Watt HF an die Endstufe.

Als letzter Schritt wird die Anodenspannung an die Endstufenröhre gelegt. Im unbelasteten Zustand lässt sich der Ausgangskreis am besten abstimmen. Mit C7 wird auf den kleinsten Anodenstrom von Rö2 abgestimmt. Danach kann die Kopplung zur Last durch Annähern von L3' an L3 auf maximale Ausgangsleistung eingestellt werden.

Alle Einstellungen sollten unter Last noch leicht korrigiert werden, um die volle Leistung bei den geringsten Verlusten zu erhalten.

Tabelle 3: Betriebsdaten des Gegentaktverstärkers

	<u>Vorstufe QQE 03/12</u>	***<u>Endstufe QQE 06/40</u>***
Heizspannung:	12,6 V	12,6 V
Heizstrom:	410 mA	900 mA
Anodenspannung:	250 V	600 V
Anodenstrom:	25 mA	200 mA
G2-Spannung:	100 V	250 V
G2-Strom:	2,3 mA	20 mA
G1-Vorspannung:	-20 V	-80 V

Die typischen Betriebswerte der beiden Röhren sind in Tabelle 3 zusammengefasst. Sie müssen im Betrieb nicht unbedingt eingehalten werden, sollen aber auch nicht wesentlich davon abweichen.

Zu den Gittervorspannungen ist noch zu sagen, dass ihre wahren Werte nur direkt an den Mittelpunkten der Spulen L1' und L2' gemessen werden können. Es ist zu empfehlen, ein gegen HF unempfindliches analoges Messgerät zu verwenden. Besonders im Gitterkreis der Endstufe ist schon mit einigen Watt HF zu rechnen. Das kann ein digitales Gerät in die Irre führen oder sogar beschädigen.

2.3 Aufbau

Abb. 11 zeigt den Verstärker von oben. Für die Aufnahme wurde der Stahlblechkäfig abgenommen. Links im Bild ist die Vorstufenröhre QQE 03/12 zu sehen und rechts davon die Endröhre QQE 06/40. Dazwischen befindet sich die HF-Dichtung für das Schirmblech und rundherum die für den Schirmkäfig.

Abb. 16: Innenansicht des Verstärkers (Schirmblech abgenommen)

Neben der Endröhre befindet sich der Ausgangskreis mit dem Kondensator C7 und den Spulen L3 und L3’. L3’ ist auf einem Gleitstück aus Teflon angebracht. Mit der darüberliegenden Schraube kann L3’ in die aufgebogene Spule L3 hineingeschoben und so die Kopplung eingestellt werden.

Damit kein Kurzschluss entstehen kann, ist L3’ mit einem Kunststoffschlauch überzogen. Als Zuleitung zu C8 und L4 dient ein Stück Koaxkabel, das rechts hinter dem Gleitstück zu sehen ist.

Schön ausgeführt ist der Anschluss des Schwingkreises an die Anoden. Der Kondensator C7 sitzt auf einem Sockel und die Röhre ist etwas vertieft montiert, um die Leitungslänge möglichst kurz zu halten. An den Anoden selbst dürfen nur Schraubklemmen verwendet werden. Jede Lötstelle würde hier wegen der hohen Temperaturen versagen.

Die Zuführung der Anodenspannung mit R5 ist so gelegt, dass sie im Nahbereich der Spule L3 symmetrisch zu beiden Hälften verläuft.

Abb. 16 zeigt, was sich unter den Röhren befindet. Im linken Teil ist der Eingangskreis der Vorstufe mit L1, L1' und C1 zu sehen, auf der Oberseite die Durchführungskondensatoren für Heiz- und Gitterspannung. Die Größe dieser Kondensatoren ist unkritisch, da sie keine HF führen. Typischerweise haben solche Kondensatoren 1 nF. Sie bilden zusammen mit der Ferritperle bzw. dem Widerstand R1 einen Schutz vor HF-Abstrahlungen über die Zuleitungen.

Rechts nach dem Schirmblech befindet sich der Anodenkreis der Vorstufe mit L2, L2' und C3. L2' ist wieder mit einem Kunststoffschlauch gegen L2 isoliert. Unter der Spule ist der große Sockel der Endröhre zu sehen.

Rechts unten ist hinter dem Schirmblech andeutungsweise L4 zu sehen, die direkt auf C8 montiert ist.

Der mechanische Aufbau ist für Luftkühlung ausgelegt. Dazu muss die Luft durch Löcher im unteren Abschirmblech eintreten können. Sie strömt dann an dem Röhrensockel vorbei und erreicht über Bohrungen neben der Vorröhre bzw. über den Spalt zwischen der Endröhre und Grundplatte die Röhren. Durch das obere Gitter tritt die erwärmte Luft aus. Die Kühlung kann durch einen Lüfter forciert werden. Er soll seine Luft in den unteren Teil der Schaltung blasen, um die Sockel optimal zu kühlen.

Das Wichtigste beim Aufbau eines Verstärkers ist die gute Entkopplung des Einganges vom Ausgang. Denn wenn ein Teil der Ausgangsleistung in den Eingang einkoppeln kann, wird ein Verstärker schnell zum Oszillator. Mit einem Teil sind hier Leistungen im mW Bereich gemeint! Wenn also nur 0,1% der Ausgangsleistung auf den Eingang kommen, beginnt der Verstärker von selbst zu schwingen.

Eine ausreichende Entkopplung ist bei HF nur durch eine einwandfreie Abschirmung jeder einzelnen Stufe zu erreichen. Die gestrichelten Linien im Schaltplan unter *Abb. 13* stellen die Abschirmungen dar und müssen unbedingt vorgesehen werden. Schon allein das Abnehmen eines Schirmblechs kann zu unkontrollierten Schwingungen führen.

Es muss sowohl die Röhre selbst als auch ihre Beschaltung in die Schirmung einbezogen werden. Bei Rö1 ist es sogar möglich, die Schirmung durch die Mitte des Sockels zu führen und so die Gitterseite von der Anodenseite abzuschirmen. Siehe dazu die Sockelschaltung unter *Abb. 14*.

Bei Rö2 ist es wegen der räumlichen Trennung der Anoden vom Sockel sowieso nicht notwendig. Das Montageloch für den Röhrensockel von Rö2 sollte aber nicht zu groß sein. Der hier vertieft gesetzte Sockel hat den Vorteil, dass nur so ein großes Loch ausgeschnitten werden muss, durch das die Röhre gerade noch durchpasst. Die gute Trennung des Steuergitters von der Anode ist wichtig. Dazu sind bei vielen HF-Röhren die Anschlüsse des Schirmgitters genau zwischen denen für Steuergitter und Anode angebracht. Das Schirmgitter hat nicht umsonst seinen Namen.

Oft wird vergessen, dass die Anodenbleche in den Röhren frei liegen und kräftig strahlen können. Das Glas und das Vakuum ist kein Hindernis für die Hochfrequenz! Ein engmaschiges Gitter oder besser noch ein Lochblech ist das Mindeste, was hier verwendet werden sollte. Grundsätzlich hilft das Grundblech bei einer Abschirmung der Anodenbleche vom Gitterkreis.

Nicht zuletzt ist auch der mechanische Aufbau wichtig. Nicht, dass man den Verstärker zu einem U krümmt und so Ein- und Ausgang genau nebeneinander zu liegen kommen.

Hier noch abschließend die Wickeldaten der Spulen und die Werte der Kondensatoren für eine Abstimmung auf 80 MHz:

Tabelle 4: Wickeldaten der Spulen im Gegentakt-Verstärker

L1:	1 Windung
	5 mm Innendurchmesser
	1 mm dicker Silberdraht
L1':	7 Windungen, Anzapfung bei 3,5 Windungen
	15 mm Innendurchmesser
	1 mm dicker Silberdraht
L2:	6 Windungen, Anzapfung bei 3 Windungen
	20 mm Innendurchmesser
	1 mm dicker Silberdraht
L2':	3 Windungen, Anzapfung bei 1,5 Windungen
	20 mm Innendurchmesser
	1 mm dicker Silberdraht
L3:	6 Windungen, Anzapfung bei 3 Windungen
	20 mm Innendurchmesser
	2 mm dicker Silberdraht
L3':	2 Windungen
	15 mm Innendurchmesser
	1 mm dicker Silberdraht
L4:	5 Windungen, Anzapfung bei 1 Windung (für 50 Ω Last)
	15 mm Innendurchmesser
	1 mm dicker Silberdraht

Tabelle 5: Daten der Kondensatoren im Gegentakt-Verstärker

C1:	Doppel-Drehkondensator 20 pF Ca.0,5 mm Isolierabstand ~ 300 V
C3:	Doppel-Drehkondensator 20 pF Ca.0,5 mm Isolierabstand ~ 300 V
C7:	Doppel-Drehkondensator 15 pF Ca.1 mm Isolierabstand ~ 800 V

Die Kondensatoren C1, C3 und C7 sind luftisolierte Drehkondensatoren. Ihre Daten sind in Tabelle 5 zusammengefasst.

Um die Symmetrie der Schaltung nicht zu beeinträchtigen, sind die Kondensatoren ebenfalls symmetrisch aufgebaut. So ein Kondensator ist in *Abb. 17* dargestellt. Er besitzt einen beweglichen Plattenstapel in der Mitte, der in zwei feste Plattenstapel eingreift. Der bewegliche Teil ist mechanisch mit der Einstellschraube verbunden und so geformt, dass er auf beiden Seiten immer die gleiche Fläche in den festen Platten abdeckt. Das ist notwendig, um die Symmetrie gegen Masse einzuhalten.

Denn der Rotor muss auf Masse liegen, um keine ungewollten Veränderungen beim Einstellen zu erzeugen und um die Einstellschraube frei von HF zu halten. Allein schon wegen seiner großen Abmessungen hätte dieser Teil eine viel größere Kapazität gegen Masse als die beiden feststehenden Teile.

Abb. 17: Symmetrischer Drehkondensator

Die beiden feststehenden Plattenstapel sind komplett identisch aufgebaut, um eben Unsymmetrien zu vermeiden. Sie sind gegen den beweglichen Teil und gegeneinander durch die keramische Grundplatte isoliert.

So ein Kondensator besteht also eigentlich aus zwei gleichen Hälften, die in Serie geschaltet sind und in der Mitte auf Masse liegen. Aus diesem Grund besitzt dieser Kondensator auch drei Anschlüsse. Einen für jeden Plattenstapel und einen für die Einstellschraube.

Alle hier dargestellten Bilder finden Sie im Internet auf der HC&RS Home Labor Page.

HC&RS Home Labor Page:	`Http://www.hcrs.htl-hl.ac.at`
Gegentakt Verstärker:	`Http://www3.htl-hl.ac.at/homepage/ hcrs /gtverst.htm`

3 30 W MW-Sender

Das nächste Kapitel beschreibt den Aufbau und die Funktion eines Mittelwellensenders. Eine Außenansicht ist in *Abb. 18* dargestellt. Auf der Vorderseite befinden sich die Einstellregler für Frequenz, Leistung und Modulation. Das Gitter auf der rechten Seite ist der Austritt für die Kühlluft der Röhre. Der Netz- und HF-Anschluss befindet sich auf der Rückseite.

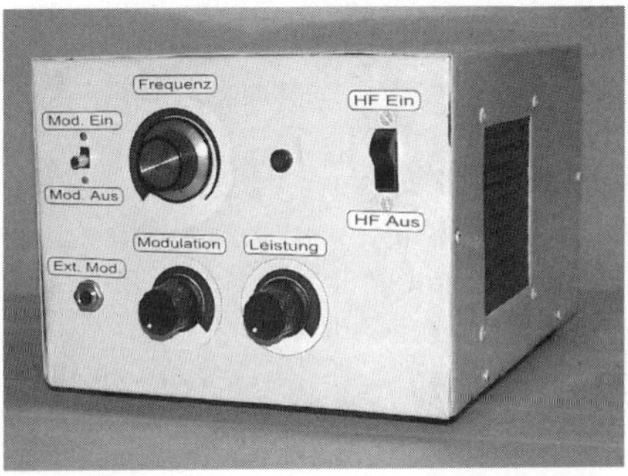

Abb. 18: Außenansicht des 30 W MW-Senders

3.1 Grundlagen der Amplitudenmodulation

Bei MW-Sendern wird eigentlich immer die Amplitudenmodulation eingesetzt. Es ist dies eine sehr einfache Methode, um mit einer Trägerschwingung Informationen zu übertragen. Wie der Name schon sagt, wird die Amplitude der Trägerschwingung moduliert. Das heißt, sie ändert sich im Takt der Modulation. Eine hohe Amplitude der Modulationsspannung führt zu einer größeren Spannung der Trägerschwingung, also zu einer größeren Leistung des Senders. Die Leistung eines AM-Senders ist demnach nicht konstant, sondern pulsiert im Takt der Modulation.

$$m = \frac{U_1 - U_2}{U_1 + U_2} * 100\%$$

Formel 5: Berechnung des Modulationsgrades

Der Modulationsgrad gibt an, zu wie viel Prozent die Modulation ausgesteuert ist und wird nach Formel 5 berechnet.

U_1 ist die Spitze-Spitze Spannung des Trägers bei maximaler Aussteuerung, wie in *Abb. 21* eingezeichnet. U_2 ist die Spitze-Spitze Spannung des Trägers bei minimaler Aussteuerung, sie ist also im Idealfall Null.

Bei 100 %igem Modulationsgrad erreicht der Sender in den positiven Modulationsspitzen die doppelte Nennspannung, und in den negativen Spitzen wird sie Null. Die Trägerspannung ist also im Mittel auch im modulierten Zustand immer gleich der Nennspannung.

$$P_{M1} = P_{M2} = P_T * \frac{m^2}{4}$$

Formel 6: Berechnung der Seitenbandleistung

Für die Leistung des Senders, die sich quadratisch mit der Spannung erhöht, bedeutet das aber, dass sie über ihren Nennwert ansteigt. Ein modulierter Sender strahlt eine größere Leistung aus als seine Nennleistung im unmodulierten Zustand. In dieser Zusatzleistung steckt die zu übertragende Information.

Sehen wir uns dazu das Spektrum eines AM-Signales in *Abb. 19* an. Es besteht aus der Trägerleistung und aus den zwei zusätzlichen Seitenbändern. Die Seitenbänder bilden sich links und rechts neben dem Träger im Abstand der Modulationsfrequenz. Der Träger P_T hat die selbe Leistung wie im unmodulierten Zustand, also die Nennleistung des Senders. Die beiden Seitenbänder haben bei m=1 je ¼ der Nennleistung. Bei geringerer Aussteuerung errechnet sich die Seitenbandleistung nach Formel 6 aus dem Modulationsgrad.

$$P_{Ges} = P_{M1} + P_{M2} + P_T = 2\frac{P_T}{4} + P_T = \frac{3}{2}P_T$$

Formel 7: Berechnung der Gesamtleistung eines AM-Senders

Daraus lässt sich leicht die gesamte abgestrahlte Leistung eines zu 100 % modulierten Senders nach Formel 7 berechnen. Ein AM-Sender kann also unter voller Modulation maximal die 1,5-fache Nennleistung abstrahlen. Gerade mit dieser zusätzlichen Leistung erfolgt die eigentliche Informationsübertragung. Der Träger behält immer seine Amplitude und Frequenz bei. Er ist nicht in der Lage, Informationen zu übermitteln. Daher wird bei der SSB-Modulation der Träger unterdrückt, um einen besseren Wirkungsgrad zu erreichen.

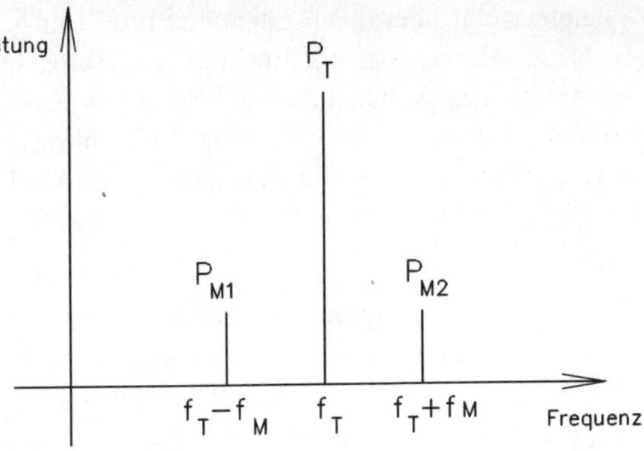

Abb. 19: AM-Spektrum

3.1.1 Anodenmodulation

Die zusätzliche Leistung lässt sich an Hand eines anodenmodulierten Senders am besten erklären. *Abb. 20* zeigt die Prinzipschaltung eines solchen Senders. Die Anodengleichspannung wird von einem einstellbaren Netzteil geliefert. Durch Ändern dieser Spannung kann die Nennleistung des Senders eingestellt werden. Über die Modulationsdrossel wird die Spannungsquelle für NF hoch ohmig gemacht. Eine Gleichspannungsquelle ist für NF meist niederohmig, da die internen Glättungskondensatoren einen Kurzschluss für Wechselspannung darstellen. Die Modulationsdrossel hat im allgemeinen einen hohen Wert und ist meist als Eisendrossel mit Luftspalt ausgeführt.

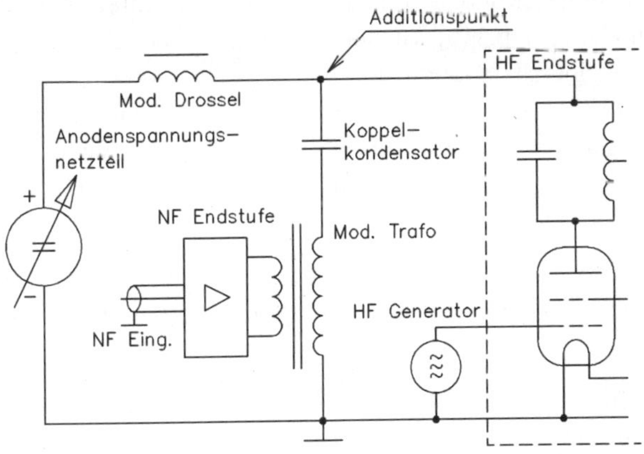

Abb. 20: Prinzip der Anodenmodulation

Die Einspeisung des NF-Signales erfolgt in eine NF-Leistungsstufe. Der nachgeschaltete Modulationstrafo bringt die von der NF-Endstufe gelieferte Spannung auf das hohe Spannungsniveau des Anodenkreises. Über einen Kondensator wird die vom Modulationstrafo kommende NF in den Anodenkreis eingekoppelt. Der Kondensator verhindert, dass die Gleichspannung den Modulationstrafo in die magnetische Sättigung bringt. Er macht sozusagen den Modulationstrafo für Gleichspannung hochohmig.

Die eingekoppelte NF kann nicht über die Spannungsquelle fließen, da die Modulationsdrossel das verhindert. Die Endstufenröhre erhält somit eine wechselnde Betriebsspannung. Sie wird von einem HF-Generator mit konstanter Amplitude angesteuert. Die abgegebene HF-Spannung ist immer proportional zur Anodenspannung und somit zur Modulation. Die eigentliche Modulation erfolgt direkt in der HF-Endstufe. Die Anodenmodulation wird daher auch als Endstufenmodulation bezeichnet.

Doch zurück zur Seitenbandleistung. Sie ist demnach jene Leistung, welche die NF-Endstufe erzeugen muss, um die Anodenspannung entsprechend der Modulation voll auszusteuern. Die NF-Endstufe in einem anodenmodulierten Sender muss immer die Hälfte der Aufnahmeleistung des Senders erzeugen, um ihn zu 100 % zu modulieren.

Das etwas aufwendige Verfahren der Anodenmodulation hat einen großen Vorteil. Das Netzgerät für die Anodenspannung braucht nur die Nennspannung und die Aufnahmeleistung des Senders zu liefern. Es wird durch die Modulation nicht noch zusätzlich belastet. Die Leistung kommt insoweit von der NF-Endstufe.

Diesen Vorteil kann der hier beschriebene Sender, der mit Vorstufenmodulation arbeitet, nicht bieten. Das ist bei so kleinen Leistungen aber auch nicht weiter problematisch. Ein größeres Problem stellt der HF-Verstärker dar, dem schon das amplitudenmodulierte Signal zugeführt wird. Das hat den Nachteil, dass die Endstufe für die maximal auftretende Spitzenleistung ausgelegt werden muss. Im normalen Betrieb tritt diese aber nur in den Modulationsspitzen für sehr kurze Zeit auf.

Bei analoger Modulation muss die HF-Spannung um die Hälfte verringert werden, damit keine Verzerrungen auftreten. Die Leistung, die ja quadratisch mit der Spannung abnimmt, sinkt daher auf ¼ ab.

Ist die Endstufe wie hier für 30 W Spitzenleistung ausgelegt, muss die Leistung auf 7,5 W verringert werden, nur damit keine Begrenzung in den Modulationsspitzen auftritt.

Jetzt wird klar, wo der wirkliche Vorteil der Anodenmodulation liegt. Denn dort wird die Endstufe nur für die 1,5-fache Nennleistung (=Trägerleistung + Seitenbandleistung) ausgelegt. Es wird im unmodulierten Zustand also nur 1/3 der installierten Leistung verschwendet. Die Endstufe muss zwar auch die doppelte Spitzenspannung verkraften können, aber die Verlustleistung kann aufgrund der großen thermischen Trägheit von Röhren auf die 1,5-fache Nennleistung berechnet werden.

Ein Verstärker hingegen, der ein amplitudenmoduliertes Signal verarbeiten muss, verschwendet immer 3/4 seiner Leistungsreserven, nur um keine Verzerrungen zu erzeugen.

Bei rechteckförmiger Modulation, also bei digitalen Signalen, tritt dieses Problem nicht auf. Hier genügt es, den Sender mit seiner maximalen Leistung immer nur ein- und auszuschalten. Ein Rechtecksignal ist die beste Modulation für einen Sender mit Vorstufenmodulation.

Der entscheidende Nachteil der Amplitudenmodulation ist die große Leistungsverschwendung. Die gesamte Trägerleistung, also die Nennleistung des Senders, wird nutzlos in den Raum gestrahlt. Nur die beiden Seitenbänder enthalten durch ihre Amplitude und durch ihren Abstand zum Träger die zu übertragende Information. Zur Auswertung genügt es noch dazu, nur ein Seitenband zu verwenden und den Träger erst im Empfänger wieder hinzuzufügen. Dieses Verfahren wird bei der SSB- Modulation (Single-Side-Band = Einseitenband) angewandt.

Der große Vorteil und der Grund für den Einsatz von AM-Sendern ist die einfache Demodulation. Es genügt, das HF-Signal gleichzurichten, um wieder die aufmodulierte NF zu erhalten. Dieses Verfahren wurde früher im Detektor-Radio eingesetzt, wo eine Kristalldiode die Gleichrichtung übernahm. Diese einfache Empfangsmöglichkeit hat der AM-Modulation in den Anfängen des Radios zu einer weiten Verbreitung und leichten Zugänglichkeit verholfen.

Abb. 21 zeigt die Ausgangsspannung des MW-Senders an einem 50 Ω Lastwiderstand (CH1) und die Modulationsspannung (CH2). Die Modulationsspannung stammt von einem Funktionsgenerator und hat eine Frequenz von ca. 1 kHz. In der Ausgangsspannung ist sehr schön die Modulation zu erkennen. Die Amplitude der Trägerschwingung folgt dem Verlauf der Modulationsspannung. Die HF ist auf diesem Bild nicht mehr zu sehen. Die einzelnen Spitzen im Trägersignal stammen von dem Aliasing-Effekt (=Umfalt-Effekt), der durch die Digitalisierung entsteht. Die oberen Spitzen sind deshalb auch nicht ganz sauber dargestellt.

Aus der Spannung am Widerstand (=Dummy Load) kann auf die Spitzenleistung am Senderausgang nach Formel 8 zurückgerechnet werden.

$$P = \frac{U^2}{R} = \frac{(U_P)^2}{2R} = \frac{(U_{PP})^2}{8R} = \frac{(60V)^2}{8*50\,V/A} = 9W$$

Formel 8: Leistungsberechnung

Aus dem Oszillogramm können wir eine Spitze-Spitze-Spannung des Trägers von 60 V ablesen. Daraus ergibt sich eine Leistung von 9 W an einem 50 Ω Widerstand. Da sich die Endstufe bei Aufnahme dieses Bildes noch in der Entwicklungsphase befand, leistete sie nur 9 W. Durch weitere Anpassung des Anodentrafos an den Lastwiderstand und an die Röhre konnte die maximal mögliche Leistung bis auf 30 W gesteigert werden.

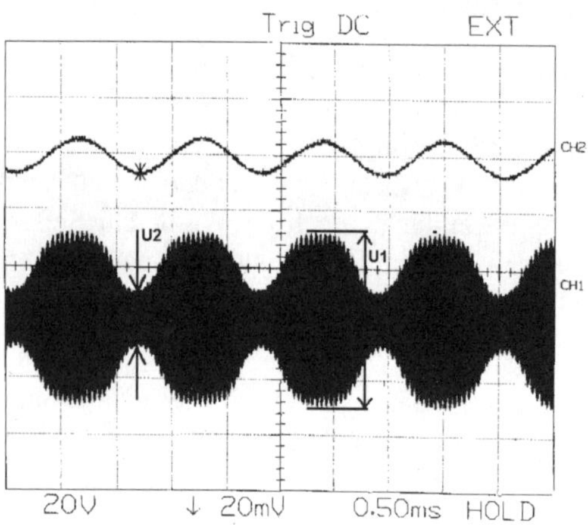

Abb. 21: Amplitudenmodulation

3.2 Schaltungsbeschreibung

Die Schaltung in *Abb. 22* zeigt den AM-Modulator. Er besteht im wesentlichen aus vier Teilen und kann auch in dieser Reihenfolge stufenweise aufgebaut und getestet werden. Der Vorteil der hier verwendeten Frequenzen ist der, dass sie mit jedem üblichen Oszilloskop leicht dargestellt werden können.

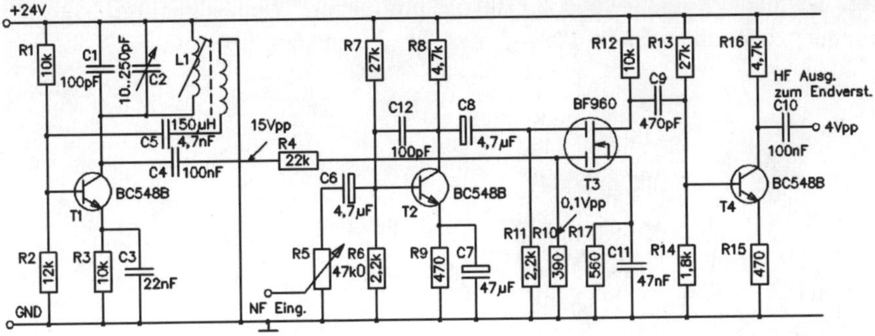

Abb. 22: Schaltung des AM-Modulators

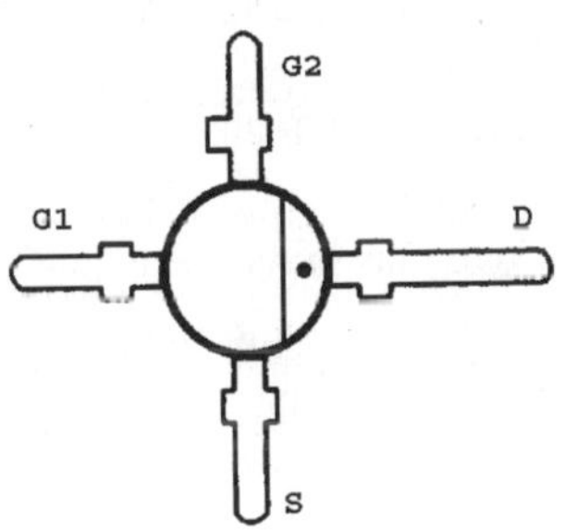

Abb. 23: Anschlussbelegung des BF960

3.2.1 Der Oszillator

Er besteht aus einem Meißner-Oszillator, der mit T1 (BC548) realisiert wurde. Dieser ist als Kleinsignalverstärker beschaltet. Durch Rückkopplung des Ausgangs auf den Eingang durch C4 wird eine Schwingung angeregt. Mit dem Drehkondensator C2 kann die Frequenz von 800 kHz bis 1,2 MHz eingestellt werden. Mit der Schwingkreisspule L1 muss eventuell etwas experimentiert werden.

Hier wurde die in *Abb. 24* dargestellte Spule mit verstellbarem Ferritkern aus einem AM-Radio verwendet. Die 150 µH entsprechen dabei ca. 70 Windungen. Die Rückkoppelspule hat dann etwa fünf Windungen. Im Prinzip kann jede vergleichbare Spule verwendet werden, wenn die Rückkopplung mit C4 (4,7 nF) und die Gegenkopplung mit R3, C3 (10 kΩ parallel 22 nF) in der

Emitterleitung entsprechend angepasst wird. Der Oszillator arbeitet dann richtig, wenn am Ausgang von C5 (100 nF) ein sauberes Sinussignal mit über dem Frequenzbereich annähernd konstanter Amplitude abgegeben wird.

Abb. 24: Spule L1 des Oszillators

Tabelle 6: Daten der Oszillatorspule L1

Primärspule :	70 Windungen mit 0,12 mm dickem Lackdraht ca. 150 µH
Rückkoppelspule:	5 Windungen mit 0,12 mm dickem Lackdraht ca. 1 µH
Spulenkörper:	4 mm Durchmesser, 8 mm lang mit Kammern zur Aufnahme des Drahtes.

Da der Oszillator nur dann stabil schwingt, wenn das Signal schon leicht begrenzt wird, ist die Amplitude fast gleich der Betriebsspannung. Das ist für den Modulator viel zu groß. Mit dem Spannungsteiler R4/R10 wird der Pegel entsprechend reduziert.

3.2.2 Der Modulator

Dieser wird durch den Dual-Gate-MOSFET T3 (BF960) gebildet, der als Multiplizierer geschaltet ist und die Aufgabe hat, die NF mit der HF zu mischen. Durch die Spannungsteiler an den beiden Gates werden die Pegel so eingestellt, dass keine Begrenzung auftritt.

Auffällig ist, dass hier keine Arbeitspunkteinstellung am Gate erfolgt. T3 ist ein sogenannter N-Kanal Verarmungstyp. Das heißt, es fließt ähnlich wie bei einer Röhre, auch bei 0 V Gatespannung ein Drainstrom. Die Einstellung des Arbeitspunktes erfolgt also nur durch den Drainwiderstand R12 (10 kΩ). Sie ist dann richtig, wenn an der Drain-Source-Strecke etwa die halbe Betriebsspannung abfällt.

Das NF-Signal wird über den Kleinsignalverstärker mit T2 vorverstärkt und über C8 in den Multiplizierer eingekoppelt. Mit R5 kann der Modulationsgrad, also die Lautstärke eingestellt werden.

Das Mischprodukt am Ausgang des MOSFET T3 enthält nun NF- und HF-Anteile und muss noch einem Hochpassfilter zugeführt werden.

Die Qualität der Modulation kann man auch schon mit diesem Signal beurteilen. Ist alles in Ordnung, dann lässt sich bis kurz vor die Modulationsgrenze, also bis der HF-Anteil Null wird, aussteuern, ohne dass eine Verzerrung des NF-Anteils auftritt.

3.2.3 Das Hochpassfilter

Dieses besteht nur aus C9 (470 pF) und den nachfolgenden Basiswiderständen R13 und R14 des Verstärkers. Es hat die Aufgabe, die NF-Anteile auszufiltern und nur die HF an den Verstärker weiterzuleiten. Da es auch für die HF eine relativ große Dämpfung hat, muss noch ein Verstärker (T4) nachgeschaltet werden. Am Ausgang des Verstärkers muss ein sauberes AM-Signal, zu sehen sein wie in *Abb. 21*.

Die Linearität und Aussteuerung einer AM-Modulation lässt sich sehr gut mit dem sogenannten Modulationsdreieck bestimmen. An ein Oszilloskop im XY-Betrieb legt man auf die X-Achse das NF-Signal und auf die Y-Achse das amplitudenmodulierte HF-Signal. Es entsteht dann ein Trapez, welches bei 100 % Modulationsgrad in ein Dreieck übergeht. Bei einem 100 %igen Modulationsgrad berühren sich die Einzüge in der HF auf der Nulllinie. Das heißt, die Trägerspannung ist Null und die Auslenkung des Oszilloskopes in der Y-Richtung ebenfalls Null. Es entsteht auf der linken Seite (bei 180° Phasendrehung im Sender auf der rechten Seite) eine Spitze des Dreiecks. Jede Abweichung von einer Geraden an den Seiten des Dreiecks kommt einer Verzerrung im Sender gleich.

3.2.4 Der Leistungsverstärker

Das so gewonnene AM-Signal muss nur noch entsprechend verstärkt werden. In der Schaltung in *Abb. 25* wurde dazu eine PL504 Leistungspentode aus einem alten Fernsehgerät verwendet. Diese Type wurde oft in der Horizontalablenkung verwendet und ist meist noch leicht zu bekommen.

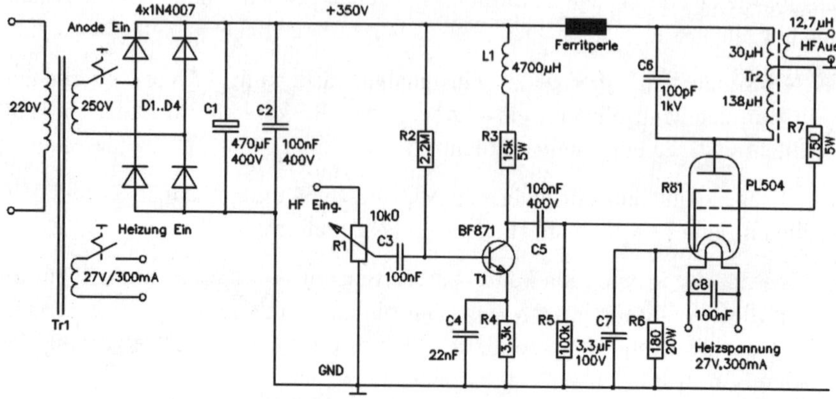

Abb. 25: Leistungsendstufe für den MW-Sender

Tabelle 7: Betriebsdaten der PL504

Heizspannung:	27 V
Heizstrom:	300 mA
Anodenspannung:	350 V
Anodenstrom im Arbeitspunkt:	180 mA
Max. Anodenverlustleistung:	16 W
G2-Spannung:	300 V
G2-Strom:	13 mA
G1-Vorspannung:	-34 V

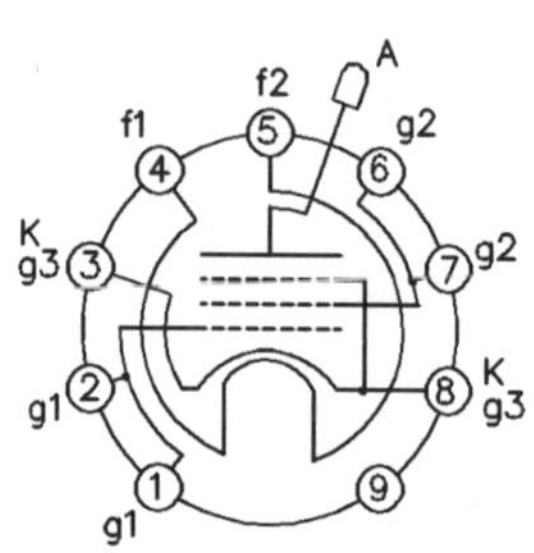

PL 504

Abb. 26: Sockelschaltung der PL504 (von unten)

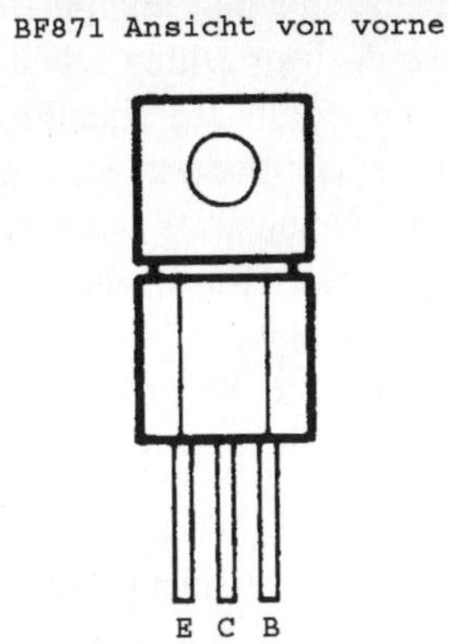

Abb. 27: Anschlussbelegung des BF871

Sinnvoll ist es, auf jeden Fall einen Ausgangsübertrager zur galvanischen Trennung einzusetzen. Nur so ist sichergestellt, dass die hohe Anodenspannung nicht an den Ausgang gelangen kann. Für die Versorgung dieses Verstärkers werden immerhin 350 V benötigt.

Bei der Gleichrichtung dieser Spannung muss auf eine ausreichende Glättung geachtet werden.

Die 470 µF für C1 sind schon sehr knapp dimensioniert. Ist die Spannung schlecht gesiebt, so ändert sich auch die Leistung des Verstärkers mit der Welligkeit. Es kommt zu einer zusätzlichen, ungewollten Amplitudenmodulation nach dem Prinzip der Anodenmodulation, wie unter Punkt 3.1.1 beschrieben, und es wird ein Netzbrummen im Signal hörbar.

Als Röhrentreiber dient in dieser Schaltung T1 (BF871), der schon mit der Anodenspannung von 350 V versorgt wird und etwa 50 V Spitze-Spitze an die Röhre liefert. Aufgrund der hohen Betriebsspannung dieses Transistors ist es wegen der Verlustleistung nicht mehr leicht möglich, einen Basis-Spannungsteiler zu verwenden. Die Arbeitspunkteinstellung erfolgt aus diesem Grund über R2 (2,2 MΩ) und ist deshalb etwas kritischer.

Das wird teilweise durch R4 ausgeglichen, der mit seinen 3,3 kΩ eine sehr große Gegenkopplung erzeugt. Der parallele Kondensator C4 (22 nF) ist absichtlich so klein gewählt, damit der Frequenzgang der Endstufe etwas linearisiert wird. Eine sehr hohe Verstärkung wird von diesem Transistor ohnehin nicht benötigt. Der BF871 arbeitet auf den Lastwiderstand R3 (15 kΩ/5 W). Um den HF-Spannungsabfall etwas zu vergrößern, wurde noch die Induktivität L1 in den Kollektorzweig eingeschaltet. Ihr Wert ist unkritisch, da sie nicht frequenzbestimmend ist.

Die HF-Spannung wird kapazitiv über C5 zur Röhre ausgekoppelt und gelangt direkt an das Steuergitter (g1) der Röhre, die in Klasse-A- Einstellung arbeitet. Dazu wird eine negative Gittervorspannung benötigt, die durch den Kathodenwiderstand R6 (180 Ω/20 W) erzeugt wird. Der parallel geschaltete Kondensator C7 verhindert unnötige Gegenkopplungen des HF-Anteils. Der Lastkreis der Röhre besteht aus dem Leistungsübertrager Tr2 und dem Kondensator C6. Diese bilden zusammen den Lastschwingkreis, der auf etwa 1 MHz abgestimmt ist. Durch die sehr feste Kopplung der Last gibt es keine ausgeprägte Resonanzspitze.

Die Anzapfung bei etwa zehn Windungen am Übertrager dient mit R7 (75 Ω/5 W) zur Schirmgitterversorgung (g2) der Röhre. Man erreicht dadurch eine leichte Gegenkopplung, was den Frequenzgang des Verstärkers linearisiert.

Die Ausgangswicklung des Anodentrafos Tr2 sollte an die 50 Ω Wellenwiderstand eines RG-58 Koaxkabels angepasst sein, um Leistungsverluste zu vermeiden. Man kann das einfach so realisieren, indem man einen 50 Ω Widerstand ohne Koaxkabel an den Trafo anschließt und die Windungszahl der Auskopplung so lange verändert, bis auf dem Widerstand die größte Spannung (=größte Leistung) auftritt. Dann liegt Leistungsanpassung vor, und der Innenwiderstand des Generators ist ebenfalls 50 Ω.

Zur Orientierung hier die Wickeldaten für einen 8 cm langen und 1 cm dicken Ferritstab aus einem alten AM-Radio. Auch wenn er sehr klein erscheint, kann er ohne Probleme 30 W übertragen. Denken sie an einen Trafo in einem Schaltnetzteil, der ist auch nicht viel größer.

Tabelle 8: Wickeldaten des Anodentrafos

Auskoppelwicklung:	17 Windungen mit 1mm dicken Lackdraht	ca. 12,7 µH bei 1 kHz
Anodenwicklung:	65 Windungen mit 0,35 mm dicken Lackdraht	ca. 138 µH bei 1 kHz
g2-Anzapfung:	10 Windungen von der $+U_A$ Seite aus gesehen	ca. 30 µH bei 1 kHz

3.3 Aufbau

Das Innenleben des MW-Senders ist in *Abb. 28* dargestellt. Vorne links ist der Gleichrichter mit dem Glättungskondensator für die Röhrenstufe zu sehen, daneben der Kathodenwiderstand und anschließend die Endröhre PL504. Rechts außen neben der Röhre ist der Lastschwingkreis, der aus dem Kondensator und einem Ferritstab als Ausgangsübertrager besteht. Dahinter befindet sich der Netztrafo und der Lüfter zur Röhrenkühlung.

Abb. 28: Innenansicht des MW-Senders

Abb. 29: Detailaufbau des MW-Senders

Allgemein kann zum Aufbau gesagt werden, dass er relativ unproblematisch ist. 1 MHz kann fast noch als NF betrachtet werden, und so ist auch die Schaltung entworfen worden. Sie besteht nur aus NF-Verstärkern.

Für den Nachbau gibt es unter *Abb. 29* auch vom Innenleben ein Bild aus der Vogelperspektive. Auf diesem ist vor allem der transistorisierte Teil zu erkennen.

Die Schaltung kann problemlos auf einer gewöhnlichen Lochprint ohne weitere Schirmung aufgebaut werden. Es sollte nur die Röhre räumlich vom Modulator soweit als möglich entfernt werden, um Rückkopplungen zu vermeiden.

Der einzige IC in der Schaltung ist nur ein Melodiengenerator, der zur Modulation ohne externes Signal dient.

3.4 Anschluss einer Antenne

Um einen Sender richtig an die Antenne anzuschließen, muss der Wellenwiderstand des Generators an den der Leitung und in weiterer Folge an den der Antenne angepasst werden. Bei einer Fehlanpassung kann nicht die ganze Leistung des Senders an die Antenne übertragen werden. Es kommt dann, wie unter Punkt 1.4.3 gezeigt, zu einer teilweisen Reflexion an den Übergangsstellen. Im Extremfall kann die ganze Leistung in die Endstufe zurückfließen und dort die Röhre überlasten.

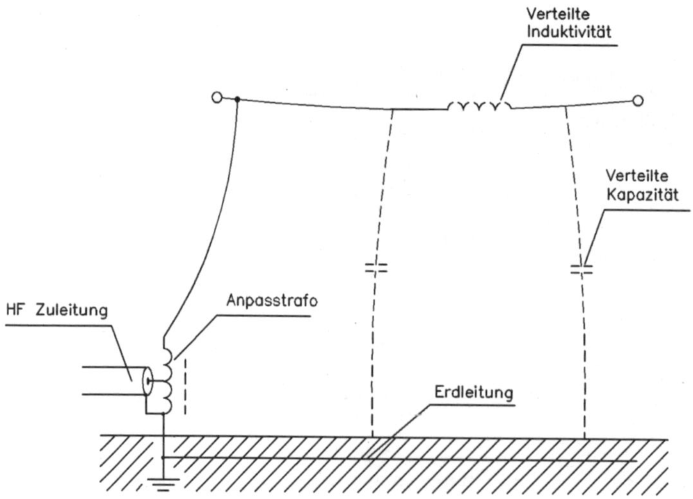

Abb. 30: L-Antenne

Wie der Ausgangstrafo des Senders auf 50 Ω angepasst wird, ist schon unter Punkt 3.2.4 „Der Leistungsverstärker“ beschrieben. Damit ist der erste Schritt zu einer richtigen Anpassung getan. Jetzt kann ein Standard-Koaxkabel mit 50 Ω (z.B. RG 58) Wellenwiderstand angeschlossen werden.

Für tiefe Frequenzen werden die Antennen immer sehr lang. Ein Dipol z.B. muss immer so lang sein wie die halbe Wellenlänge. Das wären bei 1 MHz also 150 m. Solche Längen sind nur sehr schwer zu realisieren. Es muss also meist mit kürzeren Antennen gearbeitet werden.

Es bietet sich die Möglichkeit an, die Antenne elektrisch zu verlängern. Das ist durch den Einbau einer Spule am Fußpunkt der Antenne zu erreichen. Warum gerade eine Spule die Antenne verlängert, wird klar, wenn man die verteilte Induktivität und Kapazität einer Antenne betrachtet. Die gesamte Antenne stellt einen Serienschwingkreis dar. Die Gundeinstellung einer Antenne erfolgt durch ihre geometrischen Abmessungen. Bei einer L-Antenne ist die Höhe maßgeblich für die Kapazität und die Länge für die Induktivität. Der Drahtdurchmesser wirkt auch zum Großteil auf die Kapazität. Je höher und je dicker der Antennendraht ist, desto größer wird die wirksame Kapazität und die Eigenfrequenz sinkt. Annähernd hat eine L-Antenne ihre Eigenfrequenz bei jener Wellenlänge, die der 4 bis 5-fachen Drahtlänge entspricht.

Die Eigenfrequenz einer Antenne lässt sich mit Hilfe eines Funktionsgenerators und eines Oszilloskops gut bestimmen. Es wird auf dem Fußpunkt der Antenne ein Funktionsgenerator über einen induktivitätsarmen Shuntwiderstand angeschlossen. Mit dem Oszi misst man die Spannung über diesen Widerstand, also den Strom in die Antenne. Durch Ändern der Frequenz wird man schnell den Resonanzpunkt finden, der sich durch ein Strommaximum auszeichnet.

Wird die Antenne mit einer Frequenz unter ihrer Eigenfrequenz betrieben, dann ist die Induktiviät zu wenig wirksam. Bei Gleichstrom wäre sie insoweit komplett unwirksam. Durch den Einbau einer Spule am Fußpunkt wird die Gesamtinduktivität entsprechend korrigiert. Eine zu lange Antenne kann auf gleiche Weise durch Einbau eines Kondensators elektrisch verkürzt werden.

Bei Sendeantennen ist es sehr wichtig, dass sie korrekt abgestimmt sind. Es fließt sonst ein beträchtlicher Blindstrom, der den Sender unnötig belastet und nichts zur Abstrahlung beiträgt. Das macht es notwendig, eine Sendeantenne genau auf die Sendefrequenz abzustimmen. Eine Frequenzänderung ist dann nicht ohne weitere Maßnahmen möglich.

Tabelle 9: Daten der Mittelwellenantenne

Antennenhöhe:	5 m
Antennenlänge:	22 m
Drahtdurchmesser:	1,5 mm^2 Installationsdraht
Eigenfrequenz ohne Verlängerungsspule:	ca. 2 MHz

Die Verlängerungsspule kann gleichzeitig als Anpasstrafo verwendet werden. Dazu muss für die Anzapfung wieder jene Stelle gefunden werden, bei der ein 50 Ω Generator seine größte Spannung an den Trafo liefert.

Um ein Gefühl für so einen Trafo zu bekommen, kann man versuchen, eine 40 W Glühbirne an den Sender anzupassen. Dabei treten schon sehr ähnliche Verhältnisse wie bei der Antenne auf, und die übertragene Leistung lässt sich leicht an der Helligkeit der Lampe beurteilen.

Damit der Trafo auch gleichzeitig als Verlängerungsspule wirken kann, darf er keine starre Kopplung zwischen Primär- und Sekundärspule aufweisen, sonst wird der Sekundärseite die Impetanz der Primärseite sozusagen aufgezwungen.

Durch richtigen Aufbau dieses Trafos kann die Streuinduktivität noch zusätzlich verstärkt werden. Er sollte einlagig gewickelt und eventuell ein Freiraum zwischen Primär- und Sekundärspule gelassen werden. Auf keinen Fall darf ein geschlossener Kern verwendet werden. Das würde den Koppelfaktor zu hoch werden lassen. Hier ist die beste Lösung wieder ein Ferritstab aus einem AM-Radio. Für die oben beschriebene L-Antenne sind die Daten des Anpasstrafos in Tabelle 10 zusammengefasst.

Der Trafo wurde mit einer HF-Litze gewickelt. Das ist nichts anderes als viele feine Kupferlackdrähte, die zu einem dicken Draht verseilt sind. Durch die gegenseitige Isolation wird die Oberfläche vergrößert. Das verringert die ohmschen Verluste durch die Stromverdrängung. Denn bei hohen Frequenzen wird durch den Skineffekt der Strom in den äußeren Leiterrand gedrängt, so dass eigentlich nur die Leiteroberfläche für den Widerstand ausschlaggebend ist. Viele Einzelleiter haben eine größere Oberfläche als ein Leiter mit gleichem Querschnitt.

Notwendig ist dieser hochwertige Draht deshalb, weil im Resonanzpunkt ein sehr hoher Blindstrom durch den Trafo fließt. Das Prinzip ist ähnlich wie beim Induktionsofen unter Punkt 3.6. Hier stellt der Strahlungswiderstand eben den Nutzwiderstand dar. Die Blindströme können nichts zur Leistungsabstrahlung beitragen. Alle unnötigen Verluste durch sie müssen vermieden werden.

Tabelle 10: Daten des Anpasstrafos

Windungszahl:	35 Windungen mit HF-Litze ca. 1mm²
Anzapfung für Einspeisung:	Bei 5 Windungen für 50 Ohm
Länge der Wicklung:	10cm
Durchmesser der Wicklung:	1cm, Ferritstab

Beim Bau von großen Antennen tritt das Problem auf, dass auch der Erdboden, der ja als Massefläche dienen muss, einen Widerstand darstellt. Es reicht oft nicht aus, nur einen Erder am Einspeisepunkt zu verwenden. Besser ist es, einen Erder parallel zum Antennendraht zu verlegen. Besonders im schlecht leitenden Erdreich kann damit eine wesentlich bessere, hochfrequenztaugliche Erdung erzeugt werden. Die Erdung ist bei Sendeantennen besonders wichtig, da der Schwingkreisstrom über sie fließen muss.

Eine gute Abstimmhilfe für Sendeantennen ist ein Feldstärkemeter. Das ist einfach ein Drehspuleninstrument mit einer Gleichrichterdiode und einer kleinen Antenne. Viele Leistungsmessgeräte von CB-Funkgeräten haben so eine Funktion eingebaut und können problemlos auch bei 1 MHz verwendet werden. Wird so ein Messgerät unter dem Antennendraht aufgestellt, nimmt es das elektrische Feld auf und zeigt die Größe der Spannung an. Je höher diese Spannung ist, desto mehr Energie wird abgestrahlt.

Mit dieser sehr einfachen, aber wirkungsvollen Methode ist schnell die optimale Dimensionierung des Anpasstrafos zu finden. Um diese Messung durchzuführen, muss aber schon eine gewisse Leistung der Antenne zugeführt werden. Ein Signalgenerator wird hierzu meist nicht ausreichen.

3.5 Anschluss eines Teslatrafos

Jetzt wollen wir einen Teslatrafo an diesen Sender anschließen. Im Prinzip ist das dem Anschluss einer Antenne sehr ähnlich. Zumindest elektrisch betrachtet gelten die gleichen Grundregeln. Denn auch der Teslatrafo besitzt eine verteilte Induktivität und Kapazität, wobei hier die Induktivität viel größer ist als bei einer Antenne. Es werden somit nur sehr kleine Kapazitäten benötigt, um den Teslatrafo in Resonanz zu bringen.

Das hat zur Folge, dass die geometrischen Abmessungen eines Teslatrafos viel kleiner werden als die einer Antenne für die gleiche Frequenz. Die Energie wird dabei auf einen sehr kleinen Raum konzentriert. Während bei einer Antenne die Leistung auf einer Länge von vielen Metern abgestrahlt wird, ist es bei einem Teslatrafo ein Bereich von wenigen cm. Es entstehen dadurch hohe Feldstärken um den Teslatrafo, was zur Funkenbildung und vielen anderen interessanten Effekten führt.

Abb. 31 zeigt den kleinen Teslatrafo, an dem man sehr gut die Eigenschaften von Teslaresonatoren studieren kann. Er wird von dem 30 W Mittelwellensender gespeist und erzeugt sehr störarme und stabile Funken, oder besser gesagt,

Lichtbögen von ca. 2 cm Länge. Die Funken sind im Vergleich zu pulsenden Teslaanlagen kürzer, aber dafür sehr heiß, und schmelzen problemlos Glas. Die Funkenlänge von solchen CW (=engl. Carrier Wave) Teslatrafos kann nie die von gepulsten Anlagen erreichen. Bei gleicher Durchschnittsleistung wird bei einer gepulsten Anlage trotzdem eine größere Leistung in einer sehr kurzen Zeit umgesetzt. Für so große Leistung ist eben der HF-Generator nicht ausgelegt. Und es wäre unwirtschaftlich, einen Verstärker für einige kW zu dimensionieren und diese Leistung dann nur für einen Bruchteil einer Sekunde auszunutzen. Das ist das gleiche Problem, wie schon bei der Amplitudenmodulation unter Punkt 3.1 beschrieben wurde.

Abb. 31: Klein-Teslatrafo

Die erreichten Spannungen sind dann natürlich auch nicht so hoch, dass eine größere Entladungselektrode verwendet werden könnte. Um einen Durchbruch in der Luft zu erreichen, wurde eine Messingspitze verwendet. Die dadurch fehlende Kapazität im Sekundär-Schwingkreis wird durch die hohe und schmale Bauform etwas ausgeglichen. Eine genauere Beschreibung der Funktionsweise des Teslatrafos ist beim Hochleistungs-Teslatrafo unter Punkt 7.1 zu finden.

3.5.1 Aufbau des Teslatrafos

Die Sekundärspule ist einlagig auf ein PVC-Gasrohr gewickelt. Sie besteht aus 1800 Windungen mit 0,12 mm dickem Lackdraht. Das macht es etwas schwierig, die Spule sauber zu wickeln. Aber mit Geduld ist es auf einer Drehbank oder einem selbst gebauten Wickelgestell möglich. Alternativ kann wie beim Teslatrafo unter Kapitel 4.5 ein dickerer Draht auf einem größeren Rohr verwendet werden. Der ist aber dann für 30 W überdimensioniert.

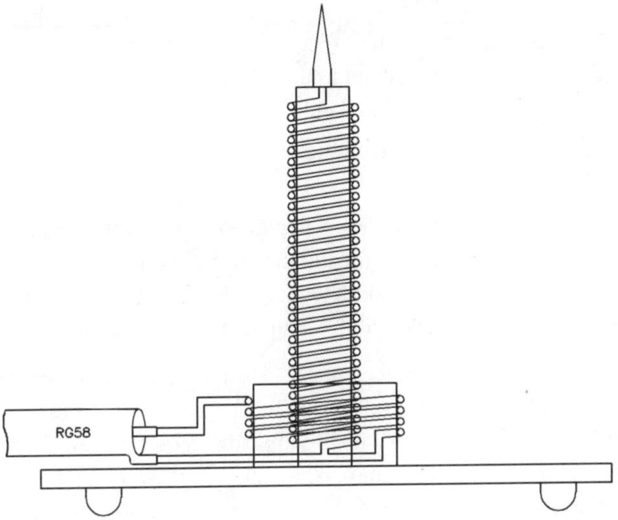

Abb. 32: Anschluss des Teslatrafos

An der Spitze wird der Draht gemäß *Abb. 32* in die Mitte geführt und an die Messingelektrode angeschlossen. Innen wurde dann etwas Gießharz in das Rohr geschüttet, um den Draht gegen benachbarte Windungen zu isolieren. Die Spule wurde nach dem Wickeln noch mit einem transparenten Lack gefestigt, da sich dieser dünne Draht sonst bei Temperaturerhöhungen ausdehnt, sich vom Rohr ablöst und überschlägt.

Die Primärspule ist auf ein Stück PVC-Abflussrohr ebenfalls einlagig gewickelt. Sie besteht aus 16 Windungen mit 0,5 mm Lackdraht. Diese Spule hat im Betrieb eine Impedanz von etwa 50 Ohm, so dass sie gemäß *Abb. 32* direkt an das RG-58 Koaxkabel angeschlossen werden darf. Als Erdleitung für die Sekundärspule dient hier gleichzeitig der Schirm des Kabels. Der HF-Generator muss deshalb gut geerdet sein. Es kann auch eine zusätzliche HF-taugliche Erde direkt am Fußpunkt der Sekundärspule angeschlossen werden. Bei so kleinen Leistungen ist es aber nicht unbedingt erforderlich.

Abschließend soll noch gesagt werden, dass der Bau nicht so kritisch ist wie beim Groß-Teslatrafo. Die wichtigsten Daten des Teslatrafos sind in Tabelle 11 zusammengefasst.

Es kommt nur auf eine richtige Abstimmung des Teslatrafos an. Hier treten keine Oberwellen auf, die einen falsch abgestimmten Teslatrafo erregen könnten. Eine Fehlabstimmung erzeugt überhaupt keine Funken mehr. Zur experimentellen Bestimmung der Resonanzfrequenz siehe unter Punkt 7.5.

Tabelle 11: Daten des kleinen Teslatrafos

Sekundärspule:	1800 Windungen mit 0,12 mm dickem Lackdraht
	PVC-Rohr mit 32 mm Außendurchmesser, 22 cm lang
Primärspule:	16 Windungen mit 0,5 mm dickem Lackdraht
	PVC-Rohr mit 50 mm Außendurchmesser, 15 mm lang

Der Teslatrafo hat ohne zusätzliche Kapazität an der Spitze eine Resonanzfrequenz von ca. 1 MHz. Die genaue Frequenz für die größte Funkenbildung kann nur durch Versuche ermittelt werden, da auch schon der Funke durch seine räumliche Ausdehnung eine Kapazitätserhöhung verursacht.

Die Sekundärspule bildet den eigentlichen Resonator. Durch die nicht sichtbare Kapazität zwischen den Windungen und von den Windungen gegen Erde entsteht mit der Induktivität der Spule ein Serienschwingkreis. Wird dieser durch Einkoppeln der richtigen Frequenz im Resonanzpunkt angeregt, so entsteht auf der Spitze eine Spannungsüberhöhung, die dann den Funken verursacht. Der Grund, warum der Teslatrafo ein so starkes Feld um sich herum erzeugt, ist einfach der, dass der Schwingkreisstrom über die Luft fließen muss. Im Funken ist das direkt sichtbar, weil hier die Feldstärke den Durchbruchswert der Luft überschreitet. In größerer Entfernung tritt dann eine entsprechend schwächere Feldstärke auf.

3.5.2 Funkenbildung

Das Photo in *Abb. 59* (s. Farbteil) zeigt die Entladung an der Spitze des Teslatrafos. Die Entladung steht sehr ruhig an einer Stelle und hat nichts mit dem, was man als Funken bezeichnen würde, zu tun. Es ist vielmehr eine Flamme aus heißer ionisierter Luft, die dadurch entsteht, dass immer wieder die gleiche Stelle ionisiert wird. Die Verästelungen an den Randbereichen, die an einen Funken erinnern, sind andeutungsweise zu erkennen. Durch die relativ lange Belichtungszeit sind sie allerdings etwas verwischt. Die blaue Farbe zeigt, dass hier sehr hohe Temperaturen im Funken herrschen. Bei so hohen Temperaturen verbindet sich der Stickstoff mit dem Sauerstoff in der Luft. Dadurch entstehen die Stickoxide NO und NO_2. Das ist auch der Grund, warum so ein Funken einen eigenen Geruch verbreitet. Der klassische Ozongeruch, den man vielleicht vermuten würde, ist nur nach sehr langem Betrieb zu merken.

Was in *Abb. 60* (s. Farbteil) zu sehen ist, ist die Entladung an einem sehr dünnen Draht, der zu einem Kreis gebogen wurde und im Bild kaum zu sehen ist. Die Feldstärke erreicht dann auch schon unterhalb des höchsten Punktes die Durchbruchspannung. Es bilden sich viele kleine Entladungen, die als blaues Leuchten des Drahtes sichtbar werden. Hierbei wird die Luft nicht mehr ganz so heiß und es entsteht schon mehr Ozon.

Eine Eigenschaft von Teslaresonatoren ist, dass mit steigender Höhe des Entladungspunktes die Resonanzfrequenz sinkt. Bei diesem Versuch ist es daher schon notwendig, den Sender nachzustimmen, damit eine optimale Funkenlänge erreicht wird.

Da die Funken sehr lange an einer Stelle stabil bleiben, wird der Verlauf des elektrischen Feldes sichtbar. Das Funkenmuster entspricht aber nicht genau dem Feldverlauf, da die erwärmte Luft nach oben steigt und den Funken dadurch in die Höhe zieht.

Ein wesentlicher Unterschied in der Erscheinungsform der Entladung stellt sich ein, wenn der MW-Sender moduliert wird. Durch die ständig pulsierende Leistung können sich keine großen, leitenden Funkenkanäle bilden. Die Korona wird der Sprühentladung einer Gleichspannung ähnlicher, wie in *Abb. 57* (s. Farbteil) gezeigt.

Ein ähnliches Bild zeigt sich auch bei vielen Teslatrafos, die mit einer Funkenstrecke arbeiten. Durch die unterbrochene Leistungszufuhr kühlt ein Funkenkanal immer wieder aus, und es können sich keine heißen HF-Lichtbögen bilden.

Da durch die Modulation das HF-Signal eine größere Bandbreite erhält, wird der Teslaresonator im Takt der Modulation leicht verstimmt. Dadurch können auch einem leicht verstimmten Teslatrafo kleine Funken entlockt werden. Durch gezieltes Verstimmen ist es möglich, Entladungen zu erzeugen, die ähnlich einer Lichtorgel nur in den Modulationsspitzen zünden.

Tipps und Tricks

Dünne Drähte lassen sich aus flexiblen Kupferlitzen gewinnen. Einige hoch flexible Typen bestehen aus sehr dünnen Drähten. Man kann den Draht auch zu anderen Formen, wie z.B. Buchstaben, biegen. Bei entsprechender Größe leuchtet dann der ganze Buchstabe, ohne einen starken Entladungspunkt. Dabei ist es nur wichtig, Spitzen und Kanten beim Zusammenlöten zu vermeiden.

Wenn mehr Leistung (ca. 100 W) zur Verfügung steht, kann auch ein Blumendraht verwendet werden. Durch die Entladungen an der Spitze schmilzt das Eisen und der Draht brennt ähnlich einer Wunderkerze ab.

3.5.3 Tonerzeugung im Funken

Einer der schönsten Versuche mit diesem Teslatrafo ist der Betrieb mit modulierter HF. Wird dem MW-Sender ein NF-Signal eingespielt, dann ändert sich seine Ausgangsspannung im Takt der NF.

Die räumliche Ausdehnung des Funkens wird nur durch die zugeführte Leistung und nicht durch die momentane Polarität der Trägerspannung bestimmt. Es entsteht somit eine „Gleichrichtung" des HF-Signals, was einer Demodulation durch den Funken in der Luft gleichkommt. Durch die Modulation ändert sich die Intensität der Entladung, also ihre Größe, im Takt der NF, wodurch ähnlich wie bei einer Lautsprechermembran Druckunterschiede in der Luft erzeugt werden. Diese sind dann als Ton hörbar. Das NF-Signal scheint direkt aus der Spitze des Teslatrafos zu kommen. Wie aus dem Nichts spielt der Funken am Teslatrafo dann Musik.

Kommt der Ton wirklich aus dem Funken?

Die Vermutung, dass die Spule durch die Stromänderungen in mechanische Schwingungen versetzt wird und so den Ton erzeugt, kann einfach widerlegt werden. Wenn man den Funken durch Aufsetzen einer Kugel auf die Spitze „abtötet", ist auch kein Ton mehr zu hören, obwohl sich die Spule in Resonanz befindet und deshalb auch noch Strom fließt.

Eine weitere Vermutung wäre, dass der Ton wegen der hohen Spannungen durch elektrostatische Kräfte in der Luft erzeugt wird. Um das zu widerlegen, verringert man die Leistung des Senders so lange, bis der Funken von selbst erlischt. Solange der Funken noch brennt, ist auch der Ton zu hören. Sobald er aber erlischt, herrscht schlagartig Stille. Wäre das Phänomen elektrostatischer Natur, dann müsste die Lautstärke kontinuierlich abnehmen.

Ist das der Superlautsprecher für meine HiFi-Anlage?

Die Tonerzeugung auf diesem Weg ist zwar sehr eindrucksvoll, doch die Übertragungsqualität kommt sicher nicht an die einer modernen Lautsprecheranlage heran. Da der Funken durch seine Verästelung immer ein gewisses Grundrauschen (Zischen) erzeugt, ist die Dynamik sehr eingeschränkt. Probleme gibt es bei sehr tiefen Tönen, da der Funken dann durch die Druckwellen weggeblasen wird. Für hohe Töne ist dieses Prinzip aber durchaus auch in der HiFi-Technik anzuwenden. Die so erzeugten Töne breiten sich in alle Richtungen gleichmäßig aus, was die Ortung der Schallquelle schwierig macht. Das erzeugt einen sehr guten Raumklang. Ein solcher Lautsprecher ist als Plasmahochtöner in der HiFi Technik bekannt.

Die Übertragungsqualität kann verbessert werden, wenn man den Funken auf eine zweite, geerdete Elektrode überspringen lässt. Dann bildet sich nur ein Funken-Kanal und die zischenden Störgeräusche sind nicht mehr so stark. Auch ein dünner Draht, wie in *Abb. 57*, bringt gute Ergebnisse.

Dieses Zischen kann auch durch Reduzieren der Senderleistung oder Verstimmen des Teslatrafos etwas geringer gehalten werden. In diesem Fall ist nicht der größte Funken auch unbedingt der beste. Spielen sie einfach ein bisschen.

Auch eine viel größere Leistung (ca. 100 W) und höhere Frequenz führt dazu, dass sich eine vollständig ionisierte HF-Flamme ohne Verästelungen wie beim Kunststoffschweißgerät unter *Abb. 67* bildet, die dann auch weniger zischt.

3.5.4 Weitere Versuche

Die Feldstärke um den Resonator herum ist so hoch, dass bei der Annäherung einer Glühbirne das Gas im Inneren sofort zu leuchten beginnt. Da eine konstante Trägerschwingung erzeugt wird, lässt sich die Glühbirne problemlos in der Hand halten, ohne dabei etwas zu spüren, wie in *Abb. 62* (s. Farbteil) gezeigt wird. Auf die Spitze des Teslatrafos wurde eine Kugel gesteckt, um unnötigen Leistungsverlust durch den Funken zu vermeiden. Die Glühbirne erwärmt sich beachtlich, und das lässt auf die übertragene Leistung schließen.

Das ionisierte Gas im Inneren bewegt sich so ähnlich wie in den „magischen Kugeln" oder Plasmakugeln. Diese Kugeln verwenden einen HF-Generator ähnlich einem Zeilentrafo. Die Höhe der Frequenz ist dabei gar nicht so wichtig. Durch die außen leitend beschichtete Kugel wird ein Großteil des Stromes abgeleitet, und es ist möglich, die Kugel problemlos anzufassen, um die Entladungen an sich zu ziehen.

Das ist bei der Glühbirne übrigens auch möglich, wenn sie auf die Spitze montiert wird. Da aber keine Ableitung besteht, spürt man schon nach kurzer Zeit eine Erwärmung durch die HF, die aber zum Großteil nur das Glas erwärmt.

Auf ähnliche Weise ist auch das Bild auf der Titelseite und in *Abb. 58* (s. Farbteil) entstanden. Dazu wurde die Lampe vor den versteckten Teslatrafo gestellt. Zusätzlich wurde sie noch mit einer geringen Spannung betrieben. Das macht den Leuchtfaden gut sichtbar und erwärmt das Gas, wodurch es leichter zu ionisieren ist.

Für den Perfektionisten

Wer im Besitz eines Radiometers ist, der kann dieses neben den Teslatrafo stellen. Die verdünnte Luft im Inneren beginnt ebenfalls zu leuchten, die Flügel werden durch die Luft erhitzt und beginnen sich zu drehen, wie in *Abb. 74* (s. Farbteil) zu sehen ist. Ein Radiometer ist ein Wärmestrahlungsmesser. Eine einfache Ausführung besteht aus einem Glaskolben, in dem ein Schaufelrad drehbar gelagert ist. Eine Seite der Schaufeln ist schwarz lackiert, die andere ist reflektierend.

Wird die schwarze Seite durch Lichteinstrahlung erwärmt, so stoßen sich die Luftmoleküle von dort stärker ab als von der kühleren Seite. In der verdünnten Luft beginnt sich das Rad dadurch leicht zu drehen. Das funktioniert natürlich auch, wenn wie hier das Gas erwärmt wird.

Abb. 33: Ionisierte Leuchtstofflampe

Bei so hohen Feldstärken ist es dann nicht mehr verwunderlich, dass auch Leuchtstoffröhren zünden und hell aufleuchten. Wie in *Abb. 33* gezeigt, lässt sich auch die Röhre problemlos in der Hand halten. Dass hier aber schon große Leistungen umgesetzt werden, spürt man anhand der Erwärmung des Glases.

Durch richtige Wahl der Leistung und Frequenz ist es möglich, in den Röhren eine Art Knotenbildung hervorzurufen. In *Abb. 75* ist das mit einer UV-Leuchtstoffröhre aus einem alten Kopiergerät zu sehen. Solche Röhren besitzen keine Leuchtschicht. Es ist ein direkter Blick auf den Entladungsraum möglich, wodurch die Knoten sehr schön zu erkennen sind.

Die grüne Farbe entspricht nicht der wirklichen. Diese UV-Röhre leuchtet natürlich in einem fahlen Blau wie die Röhren in einem Solarium. Der CCD-Aufnehmer in der digitalen Kamera lässt sich aber durch den hohen UV-Anteil verwirren. Offenbar ist der grüne Farbkanal empfindlicher auf UV als die anderen Farben.

Bei voller Leistung leuchtet die Röhre fast durchgehend gleichmäßig hell. Die Knoten bilden sich erst dann, wenn man die Leistung so lange verringert, bis die Röhre schon fast erlischt. Hat man keinen Leistungsregler zur Verfügung, lässt sich das auch durch Erhöhen des Abstands der Röhre vom Teslatrafo erreichen.

Es bilden sich dann Stellen, an denen die Röhre heller leuchtet als an anderen. Diese Knoten laufen aber meistens in eine Richtung. Durch Änderung der Frequenz und Leistung kann die Laufrichtung umgekehrt oder sogar angehalten werden.

Diese Knoten bilden sich durch die sogenannte freie Wegstrecke der Ladungsträger. Der Abstand zwischen den Koten ist also nicht die Wellenlänge der Trägerfrequenz. Die wäre viel zu lang. Die Länge wird in erster Linie durch den verminderten Druck in der Röhre bestimmt. Je niedriger der Druck, desto mehr Platz haben die Ladungsträger und desto größer wird der Abstand zwischen den Knoten.

Ein Ladungsträger kann bei seinem Weg durch den Entladungsraum einen durch den Druck bestimmten Weg zurücklegen, bis er auf ein neutrales Atom trifft. Durch seinen Aufprall erzeugt er in einer Kettenreaktion viele weitere Ladungsträger in diesem Bereich. Er ionisiert also viele Atome durch seinen Aufprall. Das führt dazu, dass dieser Teil leitfähiger wird als der übrige Entladungsraum. Es fließen immer mehr Ladungsträger zu und halten so die Ionisierung aufrecht.

In einem leitfähigen Bereich sinkt aber die Feldstärke ab und somit auch die Beschleunigungskraft, die auf die Ladungsträger wirkt. Diese besitzen dann nicht mehr die Energie, neue Ladungen heraus zuschlagen. Im anschließenden Bereich sind sie zu langsam, um Atome zu ionisieren. Es stellt sich nach einem Knoten wieder ein wenig ionisierter Raum ein, womit wir wieder den Anfangszustand erreicht haben.

Die Feldstärke steigt im isolierenden Raum an, weil die Spannung nicht abgeleitet wird. Dadurch werden die Ladungsträger wieder stärker beschleunigt, können wieder Atome ionisieren, die dann eine neue Knotenbildung hervorrufen usw.

Es ist bei diesem Teslatrafo auch möglich, unbeschadet einen Funken aus der Spitze „herauszuziehen". Wie in *Abb. 61* gezeigt, ist die Hochfrequenz sehr gutmütig. Trotz der beachtlichen Funkenlänge spürt man außer einer leichteren Erwärmung nichts. Ein Metallstück oder ein Fingerhut muss aber unbedingt für dieses Kunststück verwendet werden. Denn der Lichtbogen ist, wie schon seine Farbe verrät, sehr heiß und kann richtige Löcher in die Finger „bohren". Bei diesem Versuch ist die Ablenkung des Lichtbogens durch das Magnetfeld der Spule gut zu erkennen. Der Lichtbogen verläuft dann nicht geradlinig, sondern im Extremfall sogar um die Ecke.

Mit einem gepulsten Teslatrafo sollte man mit diesem Versuch vorsichtig sein. Durch das Pulsen entsteht mitunter ein rasch abklingender Gleichanteil in der Sekundärspule. Über den Funkenkanal ist man leitend mit dieser verbunden und spürt dann mehr oder weniger starke Schläge im Rhythmus der Pulse. Allzu leistungsstarke Teslatrafos sind für diesen Versuch ohnehin nicht zu empfehlen. Auch wenn sie eine konstante Trägerschwingung erzeugen, kommt bei höheren Leistungen wieder die Erwärmung des Körpergewebes, ähnlich wie bei Mikrowellen, zum Tragen.

3.6 Anschluss einer Induktionsspule

Abb. 34 zeigt ein Modell eines Induktionsofens zur induktiven Erwärmung von leitenden Materialien. Zur Versorgung wird der 30 W MW-Sender verwendet. Die Resonanzfrequenz des Schwingkreises ist deshalb etwa auf 1 MHz eingestellt. Das eingebaute Messgerät dient zur optimalen Abstimmung der Generatorfrequenz auf die Resonanzfrequenz des Schwingkreises.

Wird in die Spule ein Stück Lötzinn gehalten, so schmilzt es bereits nach kurzer Zeit und tropft zu Boden, ohne dass es die Spule auch nur berührt hat. Die Spule wird zwar auch etwas warm, aber durch die Wärmestrahlung allein könnte das Zinn nicht geschmolzen werden. Das kann leicht bewiesen werden, indem man das Zinn außerhalb der Spule hält. Dann wird es nicht einmal mehr warm. Im Spuleninneren müssen also sehr „heiße" Magnetfelder am Werk sein.

Auch ein Stück Blumendraht beginnt zu glühen, schmilzt aber bei dieser Leistung noch nicht. Mit diesem Draht lässt sich sehr gut die Richtung der Feldlinien im Eisen sichtbar machen. Biegt man den Draht an einem Ende rechtwinkelig um und hält es in die Induktionsspule, so beginnt nur der senkrechte Teil des Drahtes zu glühen. Der waagrechte Teil glüht zwar durch die Wärmeleitung mit, ist aber um einiges dunkler als der Rest des Drahtes.

Abb. 34: Modell eines Induktionsofens

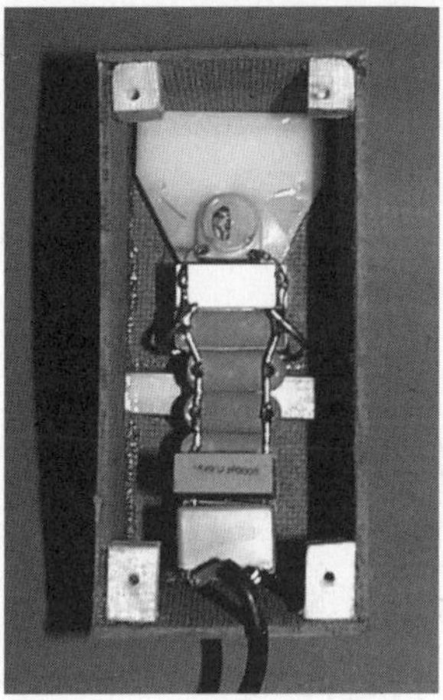

Abb. 35: Innenansicht des Induktionsofens

Dieses seltsame Verhalten wird klarer, wenn man bedenkt, dass sich im senkrechten Teil des Drahtes viel mehr Feldlinien bündeln als im waagrechten. Die Feldlinien verlaufen ja im Spuleninneren alle parallel zur Spulenachse. Der senkrechte Teil nimmt sie auf, der waagrechte erhält dadurch weniger. Außerhalb der Spule krümmen sie sich und zerstreuen sich auf den viel größeren Raum. Deshalb ist die Feldstärke außerhalb der Spule sehr gering. Der Trick funktioniert natürlich nur mit einem Eisendraht, da Eisen die Eigenschaft hat, Feldlinien in sich zu bündeln.

Theoretischer Hintergrund

Durch die schnelle Änderung eines Magnetfeldes werden in allen leitenden Materialien Wirbelströme induziert. Diese fließen innerhalb des Materials in einer annähernd kurzgeschlossenen Schleife und können dadurch sehr hohe Werte erreichen. Der Stromfluss verursacht am spezifischen Widerstand des Materials einen Spannungsabfall, wodurch Leistung umgesetzt wird.

Das Material erwärmt sich also ohne direkte Zuführung von Wärmeenergie von selbst. Eine Induktionsanlage ist wie ein sekundärseitig kurzgeschlossener Lufttrafo zu betrachten. Das Übersetzungsverhältnis, welches nur durch die

Anzahl der Primärwicklungen beeinflusst werden kann, muss an die Leitfähigkeit des Schmelzgutes angepasst werden, da dieses immer nur eine Sekundärwindung besitzt. Wie beim Teslatrafo ist eine ausreichende Energieübertragung nur bei höheren Frequenzen möglich. Das beruht auf dem Induktionsgesetz laut Formel 1, das besagt, dass die induzierte Spannung mit der Frequenz linear zunimmt.

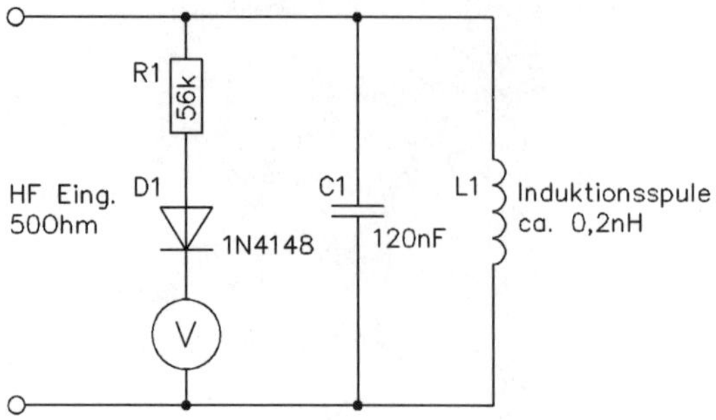

Abb. 36: Schaltung des Induktionsofens

Aufbau und Funktion

Für die Erzeugung starker Magnetfelder sind hohe Ströme erforderlich. Diese können vom HF-Generator nicht direkt geliefert werden. Deshalb wird mit der Spule ein Parallelschwingkreis aufgebaut, wie in *Abb. 36* dargestellt ist. Im Resonanzpunkt entsteht im Gegensatz zum Serienschwingkreis an dem wie unter Punkt 7.1, *Abb. 89* beschrieben eine Spannungsüberhöhung auftritt, eine Stromüberhöhung, die außerhalb des Schwingkreises nicht messbar ist. Hier heben sich die induktiven und kapazitiven Ströme gegenseitig auf. Der Kondensator hilft so, einen Großteil des induktiven Blindstromes zu kompensieren, und reduziert den Strom auf den reinen Wirkstrom. Nur dieser trägt auch wirklich zur Erwärmung bei.

Es ist wichtig, ausreichend große Kondensatoren zu verwenden. Am besten schaltet man 12 Stück 10 nF MK-Kondensatoren mit mindestens 1000 V Spannungsfestigkeit parallel. Die Spannungsfestigkeit wäre dabei gar nicht so ausschlaggebend, wenn die Kondensatoren mit dem Strom zurechtkommen. Große Kondensatoren halten meistens auch einen höheren Strom aus.

Um eine optimale Abstimmung zu erreichen, ist ein Voltmeter mit HF-Gleichrichter in das Gehäuse eingebaut. Damit lässt sich die Spule durch Ändern der Sendefrequenz auf maximale Leistung abstimmen. Da sich der Resonanzpunkt bei Einbringen eines Materials in die Spule sehr stark verschiebt, sollte so eine Abstimmanzeige unbedingt eingebaut werden. Oder man verwendet überhaupt einen anderen HF-Generator, der seine Resonanzfrequenz mit dem Lastkreis verändert. Dazu muss der Lastkreis Teil des frequenzbestimmenden Schwingkreises sein.

Weitere Versuche

Durch die Wirbelströme im Schmelzgut entsteht eine Kraftwirkung, die versucht, das Material aus dem Spuleninneren herauszudrücken. Das ist das gleiche Prinzip, das Metallgegenstände bei einem Kurzschluss wegschleudert oder Stromschienen verbiegt. Diese Kraft wird Lorenzkraft genannt. Ihr liegt die lenzsche Regel zugrunde, die besagt, dass ein induzierter Strom immer so gerichtet ist, dass sein Magnetfeld versucht, das induzierende Feld aufzuheben. Der Strom im Schmelzgut fließt also so, dass sein Magnetfeld dem der Spule entgegengesetzt gerichtet ist. Das kommt einer Abstoßung gleich.

Diese Kraft ist um so größer, je niedriger die Frequenz ist. Bei entsprechender konusförmiger Formgebung der Spule ist es möglich, das Schmelzgut im Spuleninneren schweben zu lassen. Die oberste Windung der Spule muss umgekehrt gewickelt sein und stellt einen magnetischen Deckel dar, der verhindert, dass das Schmelzgut nach oben herausspringt.

Mit 1 MHz wird es aber nicht funktionieren. Für diesen Effekt benötigt man Tonfrequenzen und damit verbunden sehr große Kondensatoren, um mit der Spule in Resonanz zu kommen.

1 MHz zeigt aber trotzdem einen Effekt der Lorenzkraft. Es bildet sich eine Kuppe auf dem flüssigen Metall, die sogenannte Badkuppe. Wird ein kleiner, keramischer Schmelztiegel in die Spule gestellt und mit Zinn gefüllt, so zeigt sich auf der Oberfläche des flüssigen Zinns eine leichte Aufwölbung. Diese fällt nach Ausschalten der HF sofort in sich zusammen. Die Kuppe wird durch eine Fließbewegung, die sogenannte Badbewegung, erzeugt, die aus der Lorenzkraft resultiert. Sie versucht das flüssige Metall aus der Spule herauszudrücken. Durch die Schwerkraft wird das aber verhindert. Es kommt zu einer Strömung im Tiegel. In der Mitte fließt das Metall nach oben, am Rand wieder zurück.

Tabelle 12: Daten des Induktionsofens

Induktionsspule:	5 Windungen mit 4 mm² Cu-Draht und 12 mm Innendurchmesser
Kondensatoren:	Insgesamt 120 nF, bestehend aus Einzelkondensatoren im Bereich 10 nF
Resonanzfrequenz:	Ohne Schmelzgut ca. 900 kHz
Anzeigeinstrument:	Aussteuerungsanzeige aus einem Kassettenrecorder, Ge-Gleichrichterdiode, 65 kOhm Vorwiderstand

Alle hier dargestellten Bilder sowie Videos zu den Experimenten finden sie im Internet auf der HC&RS Home Labor Page.

HC&RS Home Labor Page:	`Http://www.hcrs.htl-hl.ac.at`
Mini Teslatrafo:	`Http://www3.htl-hl.ac.at/homepage/hcrs/minites.htm`

4 40 W Transistor MW-Sender

In der heutigen Zeit ist es mitunter schon schwierig, die notwendige Röhre für den im vorigen Kapitel beschriebenen Sender zu bekommen. So wurde der Wunsch nach einem transistorisiertem Sender für die beschriebenen Versuche immer lauter. Ohne die Verwendung von speziellen und teuren HF-Transistoren ist jedoch nur der untere Frequenzbereich zu erschließen. Im Folgenden ist daher der Aufbau eines transistorisierten MW-Senders, wie er in *Abb. 37* zu sehen ist, beschrieben.

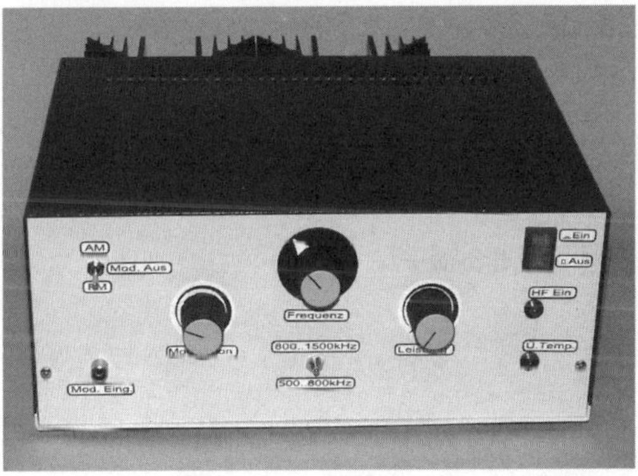

Abb. 37: 40 W Transistor MW-Sender

4.1 Schaltungsbeschreibung

Ganz ähnlich wie der 30 W MW-Sender ist die Schaltung auch hier in den Modulator- und Endstufenteil unterteilt und zur besseren Entkopplung zusätzlich auf zwei getrennten Leiterplatten aufgebaut.

4.1.1 Der Modulator

Abb. 38 zeigt die Schaltung des Modulators. Er kann Frequenzen von 500 kHz bis 1,5 MHz mit einem externen NF-Signal sowohl amplituden- als auch frequenzmodulieren. Die Abstimmung erfolgt mit einer Kapazitätsdiode, was einen teuren Drehkondensator überflüssig macht. Weiter ist eine kleinen Endstufe integriert, die ca. 1 W Ausgangsleistung liefert.

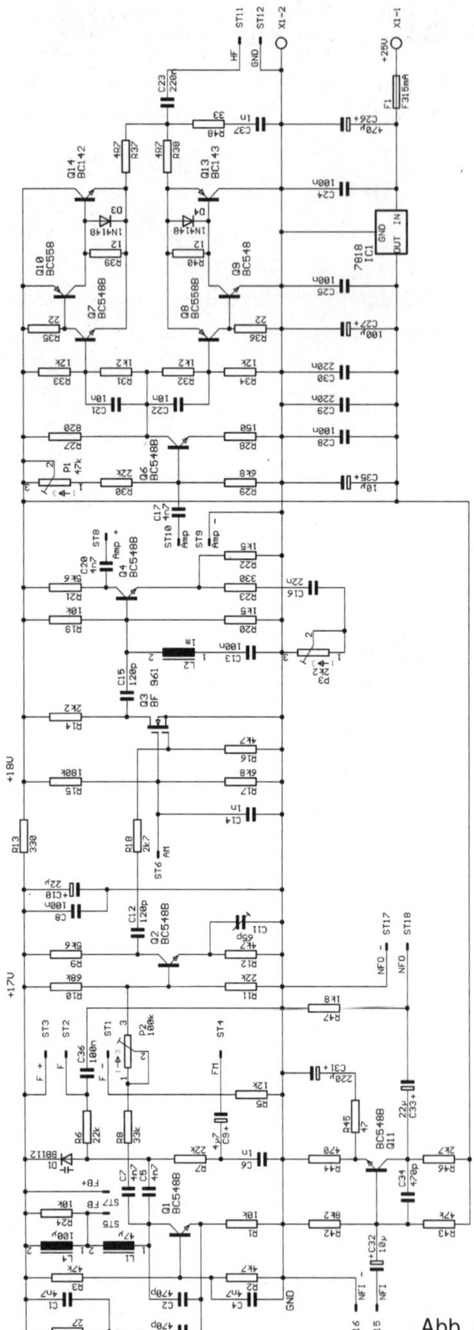

Abb. 38: Schaltung des AM/FM Modulators

Denn ein Nachteil eines Transistorverstärker ist, dass er bei Verwendung von bipolaren Transistoren eine relativ große Steuerleistung benötigt. Transistorverstärker sind daher immer mehrstufig aufgebaut. Die Treiberstufe für die Endstufe befindet sich in diesem Fall schon auf der Modulatorprint, wodurch die Endstufe nur aus einem einzigen Verstärkerzug besteht. Das verhindert Schwingungen durch Rückkopplungen. Es folgen die Beschreibungen der einzelnen sechs Teilgruppen des Modulators. Sie sind in Verbindung mit *Abb. 38* zu lesen.

1. Oszillator

Dieser wird mit den Bauteilen um Q1 realisiert. Der Oszillator ist eine kapazitive Dreipunktschaltung, auch wenn es auf den ersten Blick nicht unbedingt zu erkennen ist. Die kapazitive Teilung der Spannung am Schwingkreis übernimmt C2 und C3. An deren Mittelpunkt erfolgt die Rückkopplung auf den Emitter des in Basisschaltung arbeitenden Transistors Q1. R4 und C1 in der Rückkopplung linearisieren den Frequenzgang. Der Schwingkreis ist in zwei Frequenzbereichen umschaltbar. Mit dem Schalter an ST5 und ST7 wird die Induktivität L4 für den hohen Frequenzbereich kurzgeschlossen. Beim Öffnen des Schalters ist im tiefen Frequenzbereich zusätzlich noch der Widerstand R24 aktiv, der den erhöhten Pegel bei tiefen Frequenzen ausgleicht. An die Induktivitäten ist über C5 die Kapazitätsdiode D1 angekoppelt. Über R6 erfolgt die Zuführung der Abstimmspannung, die von dem Frequenzpoti an ST1 bis ST3 kommt. Über R7 wird die Spannung zur Frequenzmodulation von ST4 an die Kapazitätsdiode geführt. C6 und C36 verhindert HF-Einkopplungen in den Abstimmkreis. Über C7 und R8 erfolgt die Auskopplung der Spannung. Mit P2 wird der Pegel für die nachfolgenden Stufen eingestellt. Diese sollte so erfolgen, dass die AM-Modulation so weit als möglich frei von Verzerrungen ist. Das ist im Allgemeinen bei einem niedrigen Pegel der Fall.

2. Oszillatortreiber

Der Oszillator reagiert sehr empfindlich auf Laständerungen. Aus diesem Grund wird ein Treiberverstärker mit Q2 nachgeschaltet. Dieser in Emitterschaltung arbeitende Verstärker hat einen hohen Eingangswiderstand, um den Oszillator nicht unnötig zu bedämpfen. Mit C11 kann eine Anhebung der hohen Frequenzen zur Frequenzgangkorrektur durchgeführt werden. Über C12 erfolgt die Auskopplung der HF zum eigentlichen Modulator. Der kleine Wert von C12 verhindert eine Rückkopplung der NF aus dem Modulator in den Oszillator, was zu einer ungewünschten Frequenzmodulation führen würde.

3. AM Modulator

Der eigentliche AM-Modulator ist der Dual-Gate-MOSFET Q3. An G1 wird die HF und an G2 die NF eingekoppelt. Über die Widerstände R15 und R17 wird der Ausgangspegel eingestellt. Beim Zuschalten der NF, also wenn ST18 mit ST6 verbunden wird, erfolgt mit Hilfe des Widerstandes R47 eine Trägerabsenkung um ca. 50 %. Das ist wichtig, um die nachfolgenden Stufen durch die Aussteuerung der Modulation nicht zu übersteuern. Am Ausgang des MOSFET steht das Produkt von NF und HF an. Es muss jetzt noch die HF herausgefiltert werden.

4. Hochpassfilter

Diese Aufgabe übernimmt das Hochpassfilter mit C15, L2 und R20. Es besitzt auch für die HF eine relativ hohe Dämpfung, weshalb das Signal mit Q4 wieder verstärkt werden muss. Die Verstärkung des in Emitterschaltung arbeitenden Transistors Q4 kann mit P3 durch Verringern der Gegenkopplung für die HF eingestellt werden. Danach wird es dem Leistungsstellpoti über C20 zugeführt. Mit P3 wird bei voll aufgedrehtem Leistungsstellpoti die maximale Aussteuerung der Endstufe eingestellt.

5. Endstufe

Über C17 gelangt die HF in die Endstufe. Sie wird zunächst mit Q6 verstärkt und dann über C21 und C22 in die Gegentaktendstufe eingekoppelt. Mit P1 wird der Arbeitspunkt so eingestellt, dass etwa die halbe Betriebsspannung, also 9 V, am Emitter von Q13 liegen. Der Ruhestrom der Endstufe wird mit den Widerständen R31 bis R34 eingestellt und über R37 und R38 stabilisiert. Er liegt bei einigen mA. R39 und D3 bzw. R40 und D4 haben die Aufgabe, die Basis der Leistungstransistoren möglichst schnell auszuräumen, um ein schnelles Sperren bei hohen Frequenzen zu ermöglichen. Der Tiefpass mit C37 und R48 schließt hohe Frequenzen am Ausgang kurz und verhindert Schwingungen. Über C23 wird die HF ausgekoppelt. Am Ausgang der Endstufe stehen maximal 15 Vpp HF zur Verfügung. Die maximale Leistung wird bei ca. 20 Ohm abgegeben.

6. NF-Vorverstärker

Q11 bildet einen klassischen Kleinsignalverstärker. Ihm wird das NF-Signal zugeführt. Er dient hautsächlich als Pufferstufe und erhöht die Empfindlichkeit des Modulators, denn besonders für die FM-Aussteuerung wird ein relativ großer Pegel benötigt. Mit R45 kann die Verstärkung eingestellt werden. C34 setzt die Verstärkung für hohe Frequenzen herab und verhindert dadurch, dass eine Modulation mit HF erfolgt, die sich eventuell in die Zuleitung einkoppeln kann. Der Ausgang dieser Stufe wird über den Modulationsschalter zum AM- bzw. FM-Modulator umgeschaltet. R47 wird nur in der Stellung AM benötigt und dient zur Reduktion des Trägers.

4.1.2 Die Endstufe

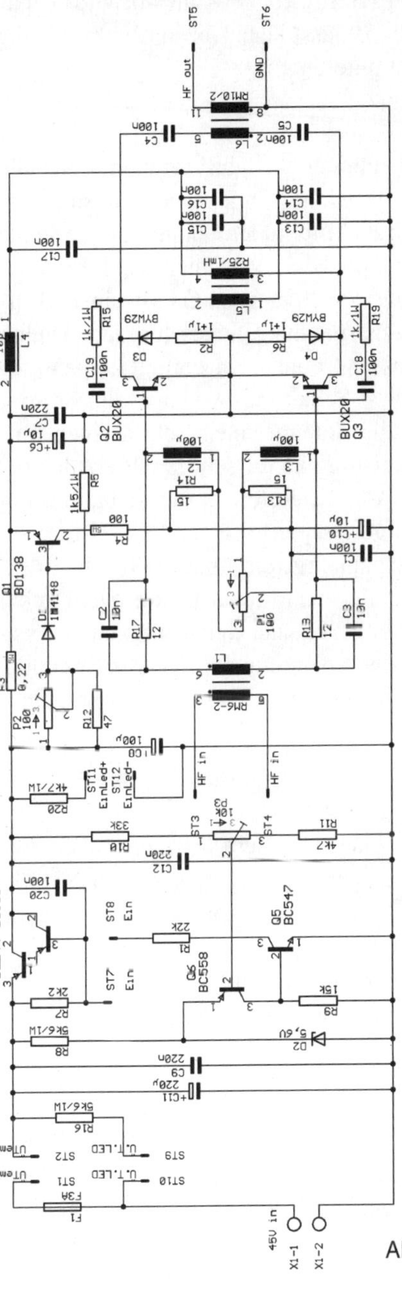

Abb. 39: Schaltplan der 40 W MW-Endstufe

Die Endstufe ist eine Gegentaktschaltung in Klasse A Einstellung und hat die Aufgabe, die vom Modulator kommende HF mit ca. 1 W auf 40 W zu verstärken. Die Schaltung der Endstufe in *Abb. 39* lässt sich grob in die Spannungsversorgung und den eigentlichen HF-Teil unterteilen.

1. Die Spannungsversorgung

Sie hat die Aufgabe, die vorgeglättete Spannung zu stabilisieren und vor allem die Restwelligkeit herauszuregeln. Das ist wichtig, um in der Endstufe nicht durch die Welligkeit eine ungewünschte Amplitudenmodulation nach dem Prinzip der Anodenmodulation aus Kapitel 3.1.1, was hier dann Kollektormodulation heißt, zu erzeugen. Der Längsregeltransistor Q4 ist ein PNP Typ und mit dem Emitter an der Versorgungsspannung angeschlossen. Dadurch kann er ganz aufgesteuert werden und lässt so einen sehr geringen Spannungsabfall zu. Q7 bildet mit Q4 eine Darlington-Schaltung, wodurch die Stromverstärkung erhöht wird. Dadurch kann er über R1 mit einem sehr kleinen Basisstrom gesteuert werden, was die Verlustleistung an R1 sehr herabsetzt, denn an R1 fällt die volle Versorgungsspannung ab. Die Referenz der Spannungsregelung wird über R8 und D2 aus der Versorgungsspannung gebildet. Mit Q6 wird die Spannung an D2 mit der Ausgangsspannung, die über R10, R11 und P3 eingestellt wird, verglichen. Der Regelbereich von P3 beträgt nur wenige Volt, und die Einstellung sollte so erfolgen, dass gerade nur die Welligkeit herausgeregelt wird. Eine weitere Reduzierung der Spannung führt nur zu unnötigen Verlusten an Q4. Q4 muss zusammen mit Q1 auf einem Kühlkörper mit ca. 2 K/ W montiert werden.

Funktion der Regelung

Ein Ansteigen der Ausgangsspannung führt zu einem Absinken des Basisstroms in Q6, dadurch wird auch Q5 weniger angesteuert und über R1 somit auch Q4. Die Ausgangsspannung sinkt ab. Bei einem Absinken der Ausgangsspannung fließt mehr Basisstrom in Q6 und die Spannung steigt wieder an. Die eventuell auftretenden Regelschwingungen werden mit C20 unterdrückt. Über einen Schalter an ST7 und ST8 kann die Endstufe ein und ausgeschaltet werden.

2. Die Endstufe

Die beiden NPN Leistungstransistoren Q2 und Q3 sind zwei BUX20. Auch die Typen BUX10 und BUV20 können verwendet werden. Es müssen zwei möglichst identische Exemplare bezüglich Stromverstärkung sein. Wenn kein Transistortester mit hfe-Anzeige zur Verfügung steht, kann auch mit einem Netzgerät getestet werden. Dazu stellt man ca. 10 V Kollektorspannung ein und nimmt ein 470 Ohm Poti als Basiswiderstand. Dann stellt man den Basistrom so ein, dass genau 1 A Kollektorstrom fließt. Mit dieser Einstellung wechselt man zum zweiten Transistor. Er sollte ebenfalls möglichst genau 1 A zeigen. Zu beachten ist, dass sich der Transistor bei dieser Methode erwärmt und der Kollektorstrom dadurch ansteigt.

Jeder Transistor muss vor der ersten Inbetriebnahme der Endstufe unbedingt auf einem ausreichend großen Kühlkörper mit mindestens 0,8 K/ W montiert sein ! Siehe Tabelle 18.

Kollektorstromregelung

Durch Erwärmung und Aussteuerung kann sich der Arbeitspunkt der Transistoren mitunter stark verschieben. Um dem entgegenzuwirken, muss der Kollektorstrom konstant gehalten werden. Über den Shunt R3 wird der Summenstrom beider Transistoren gemessen. C6 und C7 blocken die HF gegen Masse ab. Der Spannungsabfall an R3 dient als Gegenkopplung für den Transistor Q1, der über die aus D1 und R5 gewonnene Referenzspannung angesteuert wird. Über R12/P2 wird die Größe der Gegenkopplung und somit der Sollwert für den Kollektorstrom eingestellt. R12 setzt nur die Strombelastung des Potis P2 herab.

Über R4 gelangt der Basisstrom zu den beiden Leistungstransistoren. HF Einkopplungen in den Basiskreis werden mit C1 und C10 gegen Masse abgeblockt. Mit P1 wird eine Symmetrierung der Transistoren Q2 und Q3 auf gleichen Kollektrostrom vorgenommen. R13 und R14 verringern die Strombelastung von P1. Über L2 und L3 erfolgt die Zuführung des Basisstroms in den HF-Eingangskreis.

Der HF-Weg

Die HF der Vorstufe gelangt auf den Eingangstrafo L1 und wird an dessen Sekundärseite frei vom Massebezug symmetrisch auf beide Transistoren aufgeteilt. R17/C2 und R18/C3 heben die hohen Frequenzen zur Kompensation des Frequenzganges an. Über R17 und R18 wird gleichzeitig die Symmetrierung des Basisstroms aufrechterhalten, der sonst durch L1 kurzgeschlossen würde. Über C19/R15 und C18/R19 wird ein Teil der Kollektorspannung auf die Basis zurückgekoppelt (Spannungsgegenkopplung), um Schwingungen zu verhindern.

Die Zuführung der Betriebsspannung in den Kollektorkreis erfolgt über L4, welche HF Auskopplungen in die Stromregelschaltung verhindert, und anschließend über die Doppeldrossel L5. Über C13...C17 wird die HF gegen

Masse abgeblockt. L5 ist eine Drossel mit zwei bifilar gewickelten Spulen, die so angeschlossen sind, dass sich der Gleichstrom durch beide Spulen zu Null addiert. Dadurch wird die Belastung des Magnetmaterials erheblich verringert. Aus diesem Grund ist es sehr wichtig, dass beide Spulen unmittelbar nebeneinander, eben bifilar verlaufen, da sonst eine teilweise Sättigung des Magnetmaterials auftritt. Zusätzlich hat eine solche Drossel noch den Vorteil, dass sie auch als Trafo arbeitet und für alle geradzahligen Oberwellen die Kollektoren beider Transistoren kurzschließt. Über C4 und C5 wird die HF zum Ausgangstrafo L6 ausgekoppelt. Dieser setzt die symmetrische Spannung wieder auf eine massebezogene um. Auch wenn der Trafo L6 nur 1:1 übersetzt, kann er aus diesem Grund nicht weggelassen werden. Eine HF-mäßige Verbindung eines Kollektors mit Masse hätte einen Kurzschluss zur Folge.

Beide Transistoren sind mit je einer Freilaufdiode D3 und D4 beschaltet. Diese verhindern im Fall eines Rückflusses von der Last ein Durchbrechen der C-B Diodenstrecke des Leistungstransistors. Dadurch würde HF vom Ausgang auf den Eingang gelangen und eine Schwingung angeregt werden. Jede Freilaufdiode ist noch mit einer Serienwiderstand/Spulenkombination (R2 und R6) bedämpft, um Schwingungen in der Sperrphase zu vermeiden.

4.2 Layout des Modulators

Das Layout des Modulators in *Abb. 40* wird auf eine einseitige Print mit den Abmessungen 127x66 mm geätzt. Es ist von der Sicht der Bauteilseite her gezeichnet, also deckungsgleich mit dem Bestückungsplan. Wenn man auf die Lötseite der Platine blickt, muss die Schrift lesbar sein.

Den zugehörigen Bestückungsplan zeigt *Abb. 41*. Bei der Bestückung nicht auf die Drahtbrücke bei der Spannungsversorgung vergessen ! Die beiden Endstufentransistoren Q13 und Q14 erhalten je einen Kühlstern. Der Spannungsregler IC1 wird mit einem verdrillten Kabel verlängert und gemeinsam mit den beiden Transistoren Q1 und Q4 der Endstufe auf deren Kühlkörper isoliert montiert.

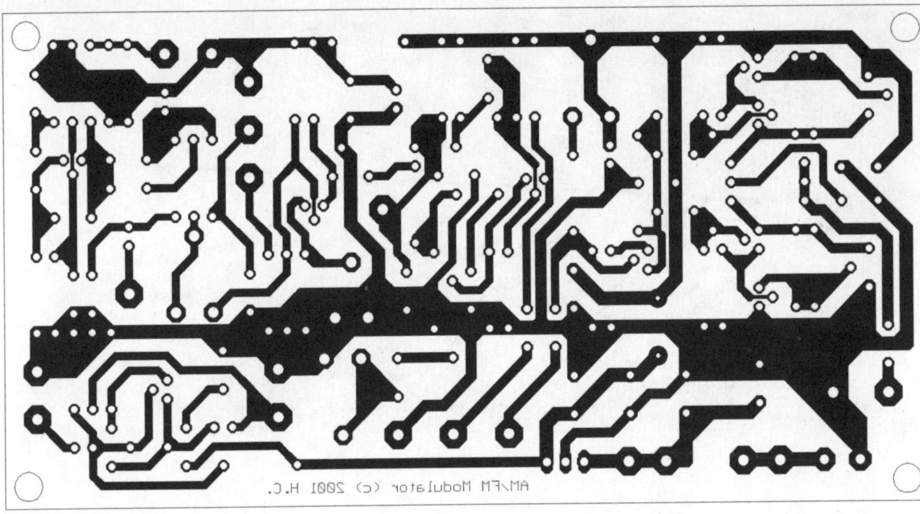

Abb. 40: Layout des Modulators

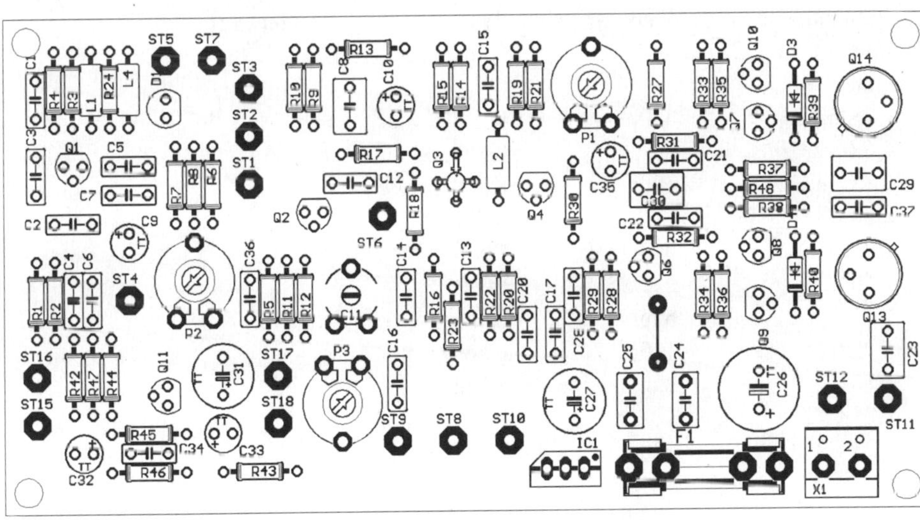

Abb. 41: Bestückungsplan des Modulators

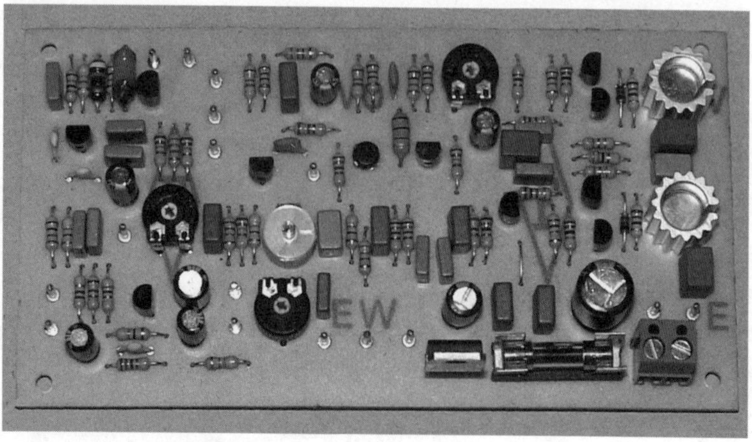

Abb. 42: Bestückte Modulatorprint

Tabelle 13: Bauteilliste zum Modulator

Bezeichnung	***Wert***	***Typ***	***Bemerkung***
C1,C4,C5,C7,C17, C20	4n7	Kondensator	
C2,C3,C34	470p	Kondensator	
C6,C14,C37	1n	Kondensator	
C8,C13,C24,C25, C28,C36	100n	Kondensator	
C9	4µ7/25V	Elko	
C10,C33	22µ/25V	Elko	
C11	65p	Kondensator	
C12,C15	120p	Kondensator	
C16	22n	Kondensator	
C21,C22	10n	Kondensator	
C23,C29,C30	220n	Kondensator	
C26	470µ/40V	Elko	
C27	100µ/25	Elko	
C31	220µ/16V	Elko	
C32,C35	10µ/25V	Elko	
D1	BB112	Kap.Diode	
D3,D4	1N4148	Diode	
F1	F315 mA	Sicherung	Mit Sicherungshalter
IC1	7818	Spannungsregler	Auf externen Kühlkörper
L1	47µ	Induktivität	
L2	1000µ	Induktivität	

L4	100µ	Induktivität	
P1	47k	Trimpoti	
P2	100k	Trimpoti	
P3	2k2	Trimpoti	
Q1,Q2,Q4,Q6,Q7, Q9,Q11	BC548B	NPN-Transistor	
Q3	BF 961	2G-MOSFET	
Q8,Q10	BC558B	PNP-Transistor	
Q13	BC143	PNP-Transistor	Mit Kühlstern
Q14	BC142	NPN-Transistor	Mit Kühlstern
R1,R19,R24	10k	Widerstand	
R2,R12,R16	4k7	Widerstand	
R3,R43	47k	Widerstand	
R4	27	Widerstand	
R5,R33,R34	12k	Widerstand	
R6,R7,R11,R30	22k	Widerstand	
R8	33k	Widerstand	
R9,R21	5k6	Widerstand	
R10	68k	Widerstand	
R13,R23	330	Widerstand	
R14	2k2	Widerstand	
R15	180k	Widerstand	
R17	6k8	Widerstand	
R18,R46	2k7	Widerstand	
R20,R22	1k5	Widerstand	
R27	820	Widerstand	
R28	150	Widerstand	
R29	6k8	Widerstand	
R31,R32	1k2	Widerstand	
R35,R36	22	Widerstand	
R37,R38	4R7	Widerstand	
R39,R40	12	Widerstand	
R42	8k2	Widerstand	
R44	470	Widerstand	
R45	47	Widerstand	
R47	1k8	Widerstand	
R48	33	Widerstand	
ST1	F -	Stecker	Anschluss des Frequenz-
ST2	F	Stecker	stellpotis 22 k lin
ST3	F +	Stecker	
ST4	FM	Stecker	FM-Mod. Eingang

ST6	AM	Stecker	AM-Mod. Eingang
ST5	FB	Stecker	Anschluss des Frequenzbe-
ST7	FB+	Stecker	reichsschalters
ST8	Amp +	Stecker	Anschluss des
ST9	Amp -	Stecker	Leistungsstellpotis 10k lin
ST10	Amp	Stecker	
ST11	HF	Stecker	HF-Ausgang 1W
ST12	GND	Stecker	
ST15	NFI	Stecker	NF Eingang
ST16	NFI -	Stecker	
ST17	NFO -	Stecker	NF-Ausgang zum Modula-
ST18	NFO	Stecker	tionswahlschalter
X1	+25V	Klemme	Versorgungsspannung

4.3 Layout der Endstufe

Das Layout der Endstufe wird auf eine doppelseitige Print mit den Abmessungen 160x100 mm (Euro-Format) geätzt. Die Lötseite in *Abb. 43* ist von der Bauteilseite her gesehen, also deckungsgleich mit dem Bestückungsplan in *Abb. 45*. Blickt man auf die Lötseite, so muss die Schrift lesbar sein.

Die Bauteilseite in *Abb. 44* ist zum Großteil eine Massefläche. Das ist notwendig, um kleine Spannungsabfälle durch die Induktivität einer Leitung zu erzeugen. Bei der Montage der Bauteile ist unbedingt darauf zu achten, dass alle kontaktierten Lötaugen auf der Bauteilseite auch mit den Bauteilen verlötet werden. Es empfiehlt sich daher, keine direkt auf der Print aufliegenden Bauteile zu verwenden, oder alternativ dazu Durchkontaktierungsnieten zu verwenden, die natürlich vor dem Bestücken mit der Bauteilseite verlötet werden müssen.

In die Print wird zur Montage des Thermoschalters ein Loch mit ca. 16 mm gebohrt. Die Montage der Print erfolgt direkt auf den Kühlkörper über die Befestigungsschrauben (M3) der beiden Leistungstransistoren Q2 und Q3. Die beiden Transistoren werden von hinten an die Print angeschlossen. Basis und Emitter sind daher schon im Layout vertauscht! Die im Bestückungsplan in *Abb. 45* eingezeichneten Umrisse sind auf der Print nicht von den Transistoren bedeckt. Es muss, auch bei den Emitteranschlüssen von Q2 und Q3, unbedingt eine Durchkontaktierung auf die Bauteilseite erfolgen. Es empfiehlt sich, zuerst nur kurze Drähte in die Print einzulöten und sie dann auf den Kühlkörper zu montieren.

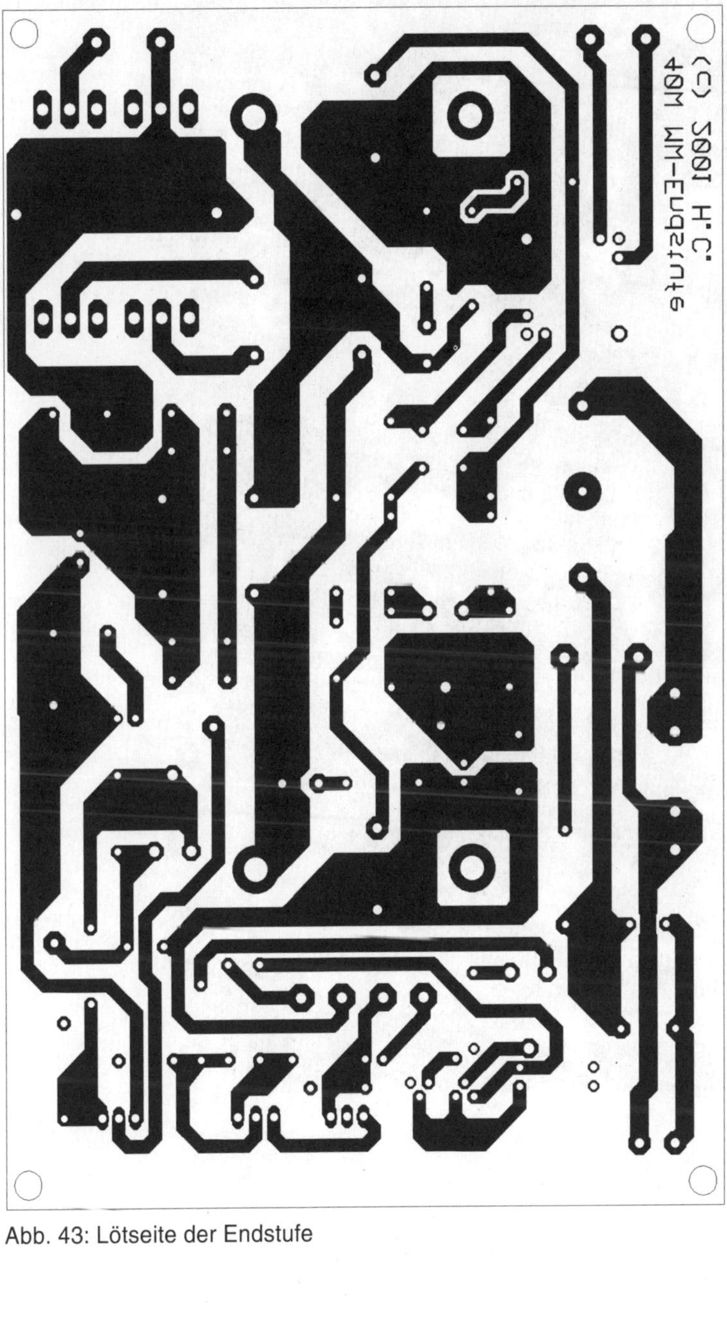

Abb. 43: Lötseite der Endstufe

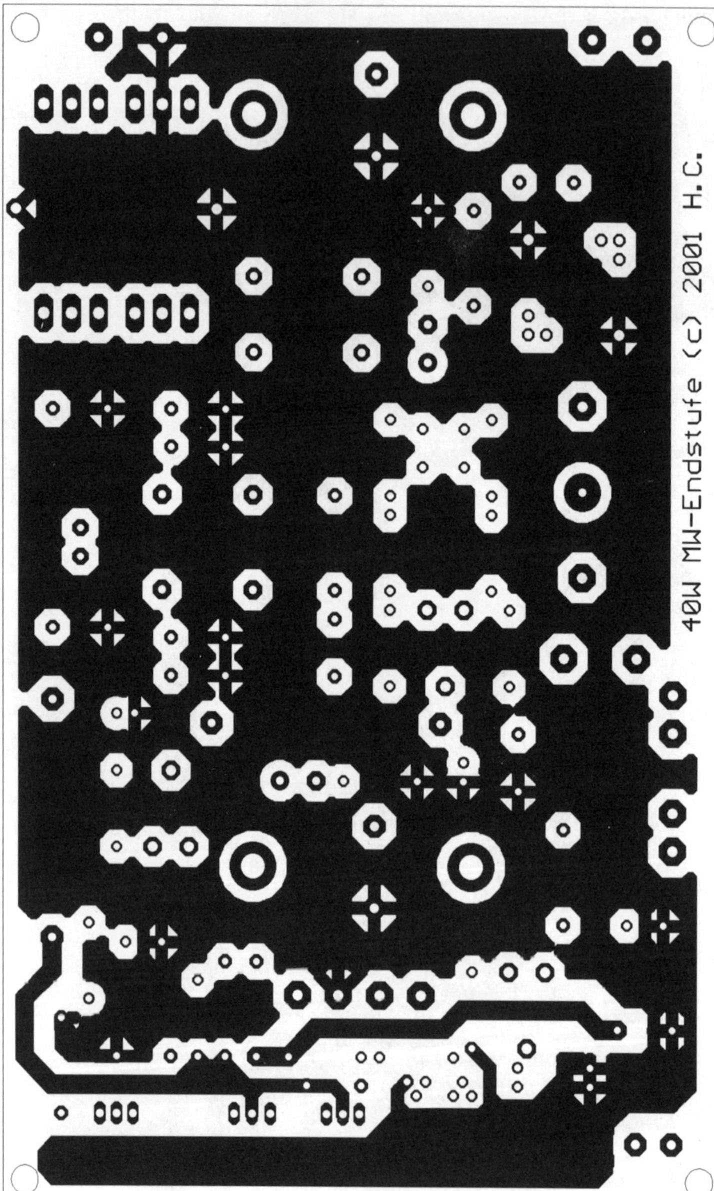

Abb. 44: Bauteilseite der Endstufe

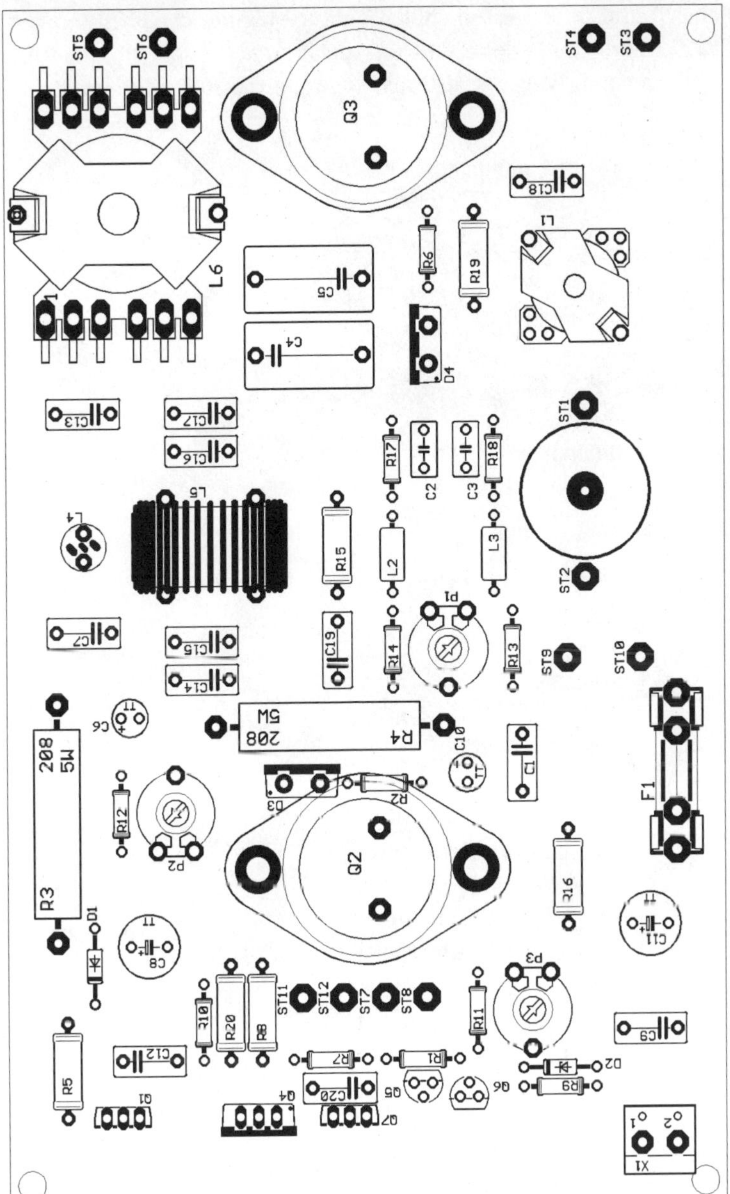

Abb. 45: Bestückungsplan der Endstufe

Erst am Schluss werden die Transistoranschlüsse an die Drähte angelötet. Der Kollektoranschluss erfolgt über die Befestigungsschrauben zum Transistor hin.

Wegen der hohen Verluste von Eisen sollten hierfür Messingschrauben verwendet werden. Da die Verbindung des Kollektors zur Print nur geschraubt ist, sollte vor allem bei Verwendung von Lötlack das Auge um die Bohrung herum verzinnt werden.

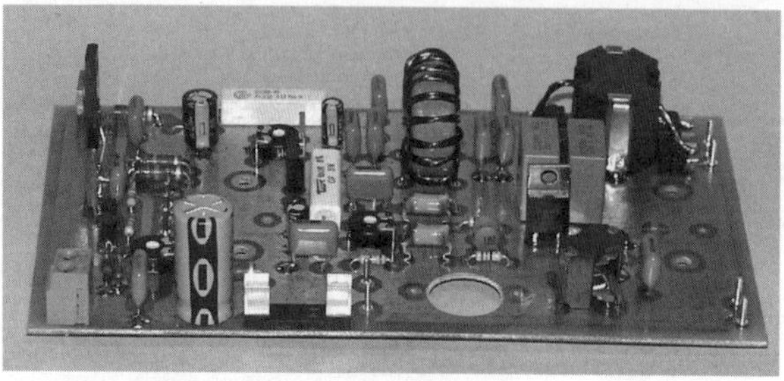

Abb. 46: Bestücke Endstufenprint

Tabelle 14: Bauteilliste der Endstufe

Bezeichnung	**Wert**	**Typ**	**Bemerkung**
C1,C4,C5,C13...C20	100n	Kondensator	
C2,C3	10n	Kondensator	
C6,C10	10µ/50V	Elko	
C7,C9,C12	220n	Kondensator	
C8	100µ/50V	Elko	
C11	220µ/63V	Elko	
D1	1N4148	Diode	
D2	5,6V	Z-Diode	
D3,D4	BYW29	Diode	
F1	F3A	Sicherung	
L1	RM6-2	Induktivität	siehe Tabelle 15
L2,L3	100µ	Induktivität	
L4	10µ/2A	Induktivität	
L5	R25/1mH	Induktivität	siehe Tabelle 15
L6	RM10/2	Induktivität	siehe Tabelle 15
P1,P2	100	Trimpoti	
P3	10k	Trimpoti	
Q1,Q7	BD138	NPN-Transistor	
Q2,Q3	BUX20	NPN-Transistor	
Q4	BD244	PNP-Transistor	
Q5	BC547	NPN-Transistor	
Q6	BC558	PNP-Transistor	

R1	22k	Widerstand	
R2,R6	1+1µ	Widerstand+ Spule	siehe Tabelle 15
R3	0,22/5W	Widerstand	
R4	100/5W	Widerstand	
R5	1k5/1W	Widerstand	
R7	2k2	Widerstand	
R8,R16	5k6/1W	Widerstand	
R9	15k	Widerstand	
R10	33k	Widerstand	
R11	4k7	Widerstand	
R12	47	Widerstand	
R13,R14	15	Widerstand	
R15	1k/1W	Widerstand	
R17,R18	12	Widerstand	
R19	1k/1W	Widerstand	
R20	4k7/1W	Widerstand	
ST1	ÜTemp.	Stecker	Thermoschalters öffnet bei
ST2	ÜTemp.	Stecker	> 70°C
ST3	HF in	Stecker	
ST4	HF in	Stecker	HF-Eingang 1W
ST5	HF out	Stecker	
ST6	GND	Stecker	HF-Ausgang 40W/50 Ohm
ST7	Ein	Stecker	Einschaltbefehl vom
ST8	Ein	Stecker	Leistungsstellpoti
ST9	Ü.T.LED	Stecker	Anschluss der Übertempe-
ST10	Ü.T.LED	Stecker	raturled
ST11	EinLed+	Stecker	
ST12	EinLed-	Stecker	Anschluss der HF-Ein Led
X1	45V in	Klemme	Spannungsversorgung

Tabelle 15: Wickeldaten der Induktivitäten

L1:	Prim: 11 Wdg. mit 0,4 mm Lackdraht
Eingangstrafo	Sek: 10 Wdg. mit 0,4 mm Lackdraht
	Kern: RM6, Material N49
L5:	13 Wdg. mit 2 x 0,9 mm Lackdraht, bifilar gewickelt
Spannungs-	Ringkern: R25, AD: 27 mm, ID: 14mm Material N30
zuführungsdrossel	Induktivität ca. 1 mH pro Wicklung

L6: Ausgangstrafo	Prim: 6 Wdg. mit 4 x 0,56 mm Lackdraht verdrillt Sek: 6Wdg. mit 4 x 0,4 mm Lackdraht verdrillt Kern: RM 10, Material N49
R2, R6: Dämpfungsspulen	ca. 10Wdg. mit 0,4 mm Lackdraht direkt auf den 1 Ohm Widerstand gewickelt und mit den Anschlüssen verlötet.

4.4 Gesamtaufbau

Beide Komponenten müssen nach dem Schaltbild in *Abb. 47* miteinander verbunden werden. Zusätzlich zur Vor- und Endstufe kommen noch die Teile der Spannungsversorgung in Tabelle 16 dazu. Der Gleichrichter wird zur Kühlung an die Seitenwand des Gehäuses geschraubt. Die Vorstufe wird über die Mittelanzapfung des Trafos mit ca. 22 V versorgt. Das verringert die Verluste im Spannungsregler, der ohnedies bei 45 V überlastet wäre.

Für alle geschirmt eingezeichneten Kabel müssen nicht unbedingt 50 Ohm Kabel verwendet werden. Die standardisierten Audiokabel (einpolig mit Schirm) reichen dazu völlig aus. Nur für die Ausgangsleitung sollte wegen der hohen Leistung ein RG 58 Koax-Kabel verwendet werden.

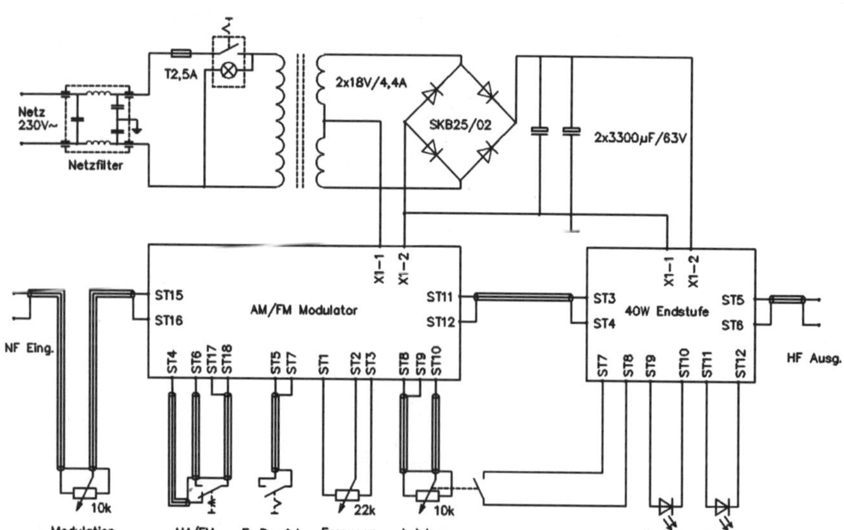

Abb. 47: Gesamtaufbau des MW-Senders

Abb. 48: Einbau in ein Gehäuse

Tabelle 16: Bauteile der Spannungsversorgung

Trafo	Ringkerntrafo mit 2x18 V Ausgangsspannung 4,4A je Wicklung, 160 VA Gesamtleistung
Gleichrichter	Brückengleichrichter 200 V/12 A Typ: SKB25/02 (Semikron)
Kondensatoren	2x 3300 µF/63 V parallel oder 1x 6800 µF/63 V

Tabelle 17: Liste der Bedienungselemente

Frequenzpoti	22 k lin. angeschlossen an ST2...ST4, Schleifer an ST2
Leistungspoti	10 k lin. angeschlossen an ST8...ST10, Schleifer an ST10 Öffner am Linksanschlag angeschlossen an ST7 und ST8 der Endstufe
Frequenzbereichsschalter	einpoliger Schließer angeschlossen an ST5 und ST7
Modulationspoti	10 k lin. angeschlossen an ST16 und ST15
Modulationsschalter	einpoliger Wechselschalter mit Nullstellung angeschlossen an ST17 und ST18 ST4 für FM und ST6 für AM

Eingangsbuchse	Chinch Buchse für Gehäuseeinbau
Ausgangsbuchse	PL/UHF Buchse für Gehäuseeinbau
Netzstecker	Kaltgerätestecker mit Netzfilter

Der gesamte Aufbau ist, wie in *Abb. 48* gezeigt, in einem Aluminiumgehäuse untergebracht. Der Schutzleiter muss mit allen von außen berührbaren Metallteilen, also auch mit den Kühlkörpern, verbunden werden. Auch das Gehäuse des PL/UHF-Steckers muss mit dem Schutzleiter verbunden werden. Das ist ganz wichtig, da über diesen der Teslatrafo geerdet wird.

Zu bedenken ist, dass eine Schraubverbindung auf dem Lack nicht als leitende Verbindung zu betrachten ist. Es müssen von einem zentralen Erdungspunkt aus Kabel zu jedem Metallteil geführt werden. Der korrekte Anschluss an das Metall erfolgt über einen Sägering unter der Öse, der eine sichere Verbindung zum Metall herstellt.

Beim Anschluss des Schutzleiters ist bei der Chinch-Buchse zur Einspeisung der externen Modulation darauf zu achten, dass sich keine Masseschleife bildet, die das Streufeld des Trafos einfängt und so daraufhin ein Brummen in der Modulation hörbar wird. Wenn das Problem nicht durch eine andere Leitungsführung in den Griff zu bekommen ist, empfiehlt es sich, eine gegen das Gehäuse isolierte Buchse zu verwenden.

Wenn sich der Sender in einem geschlossenen Metallgehäuse befindet, ist der Betrieb an einem geschirmten 50 Ohm Widerstand (Dummy Load) möglich, ohne dass HF abgestrahlt wird. Der Betrieb aller anderen strahlenden Lasten, also auch der eines frei stehenden Teslatrafos, ist prinzipiell verboten. Erst wenn sich auch der Teslatrafo in einem Käfig aus engmaschigen Eisengittern befindet, kann es zu keiner Abstrahlung mehr kommen. Da die erzeugten Frequenzen in den MW-Bereich des Radios fallen, können Radiosender gestört werden.

Kühlung der Endstufe

Da die Endstufe in Klasse A Einstellung arbeitet, hat sie eine entsprechend hohe Verlustleistung. Die A-Einstellung wurde deshalb gewählt, da nur damit ein stabiler und vor allem verzerrungsfreier Betrieb an allen Lasten möglich ist und eine AM-Modulation nur so übertragen werden kann.

Im Betrieb müssen im schlechtesten Fall bis zu 40 W Verlustwärme je Transistor abgeführt werden ! Die 40 W ergeben sich aus den 40 V Kollektorspannung und 1 A Kollektorstrom pro Transistor. Diese maximale Verlustleistung tritt natürlich nur im Leerlauf oder Kurzschluss auf. Bei allen anderen ohmschen Lasten wird ein Teil der Leistung an den Lastwiderstand abgegeben. Bei optimaler Anpassung, also bei 40 W Ausgangsleistung, werden nur noch 20 W je Transistor in Wärme umgesetzt.

Aufgrund der hohen Verlustleistung ist eine Temperaturüberwachung mit einem Thermoschalter vorgesehen, der bei Überschreitung von 70°C Kühlkörpertemperatur die Endstufe ausschaltet. In diesem Fall leuchtet die Übertemperatur LED an ST9 und ST10. Der Thermoschalter wird in dem Loch in der Mitte der Endstufe so montiert, dass er beide Kühlkörper berührt. Damit ist sichergestellt, dass bei einem Versagen der Stromsymmetrierung trotzdem die Endstufe abgeschaltet wird, sobald ein Transistor die Maximaltemperatur erreicht. Da beide Transistoren gegenüber dem Gehäuse isoliert sein müssen, ist es wichtig, ein einwandfreies Isoliermaterial zu verwenden. Die gute alte Glimmerscheibe in Verbindung mit Wärmeleitpaste ist da immer noch die beste Lösung. Um einen Kurzschluss und ein Berührung der Kollektorspannung zu verhindern, werden beide Transistoren mit einer Isolierkappe abgedeckt.

Die Kühlkörper müssen aufrecht montiert sein, damit die Konvektion die Wärme abführen kann. Wenn eine aufrechte Betriebslage nicht möglich ist, muss ein forcierte Kühlung mit einem Lüfter vorgesehen werden, der die warme Luft von den Kühlkörpern wegbefördert.

Die beiden Kühlkörper sind auf der Rückseite des Gehäuses unmittelbar nebeneinander angebracht. Durch Bohrungen in der Rückwand ragen die Anschlüsse der Transistoren nach innen. Darauf wird direkt die Endstufe montiert, so dass sie an der Gehäuserückseite aufrecht steht. Es ist wichtig, kurze Anschlussdrähte zu den Transistoren zu verwenden. Jede unnötige Leitungslänge verringert die Verstärkung durch eine induktive Stromgegenkopplung.

Auch die Stabilisierung und Stromregelung setzt einiges an Verlustleistung um. Besonders wenn mehr als 5 V am Regler abfallen, weil z.B. die Trafospannung zu hoch ist, müssen auch hier hohe Leistungen abgeführt werden. Aus diesem Grund sollte die Spannung an der Endstufe (40 V) so hoch als möglich eingestellt werden, wie es die Trafospannung gerade noch zulässt, ohne dass eine Welligkeit in der geregelten Spannung zu erkennen ist. Dazu misst man mit einem Oszilloskop die Spannung an C8 und stellt mit P3 den Regler so ein, dass gerade alle Spitzen des 50 Hz-Brummens abgeschnitten werden.

Der Stromregeltransistor Q1 setzt nur eine relativ geringe Leistung um, muss aber trotzdem gemeinsam mit Q4 auf den Kühlkörper isoliert aufgesetzt werden. Der Kühlkörper für Q1 und Q4 befindet sich im Inneren des Gehäuses. Auf eine ausreichende Belüftung durch Löcher oder Kühlschlitze ist daher zu achten.

Tabelle 18: Kühlkörper und Gehäuse

Je Transistor	Typ: SK88-100SA Rippenkühlkörper; 0,8 K/ W
für Q2 und Q3	Abmessungen: 100x100x50 mm
Für Q1, Q4 und IC1	Typ: SK44-75SA; 2 K/W
Gemeinsam	Abmessungen: 160x100x15 mm
Gehäuse	Typ: RBA 27/20/11
	Kunststoffbeschichtetes Alu-Gehäuse
	270x200x110 mm

4.5 Anschluss eines Teslatrafos

Die Endstufe ist so ausgelegt, dass sie neben dem Betrieb von reinen 50 Ohm Last auch alle anderen Lasten zwischen Leerlauf und Kurzschluss zulässt. Es können alle Lasten angeschlossen werden, die bereits beim 30 W MW-Sender unter Kapitel 3 beschrieben wurden.

Es ist somit auch möglich, einen Teslatrafo anzuschließen, der eine sich ständig ändernde Last darstellt, wenn er durchgestimmt wird.

Es kann prinzipiell der im Kapitel 3.5 beschriebene Teslatrafo angeschlossen werden. In Tabelle 19 ist eine leicht abgeänderte Version dieses Teslatrafos beschrieben, die der höheren Ausgangsleistung und dem erweiterten Frequenzbereich gerecht wird. Seine Resonanzfrequenz ist mit 1,3 MHz im oberen Bereich des Senders gewählt, damit nach unten hin der gesamte Bereich zum Nachstimmen bei Kapazitätserhöhungen zur Verfügung steht.

Der Aufbau des Teslatrafos erfolgt wie unter Kapitel 3.5.1. Beide Spulen sind auf PVC-Kanalrohren gewickelt. Die Sekundärspule ist zusätzlich noch mit einem transparenten Lack geschützt. Der Aufbau erfolgt auf einem kleinen Kunststoffbrett mit 12x12 cm. Beide Spulen sind über den Schirm des Koax-Kabels geerdet. Am oberen Ende der Sekundärspule befindet sich eine Messingspitze mit ca. 3 cm Länge, an der sich der Funken bildet.

Tabelle 19: Wickeldaten des Teslatrafos

Sekundärspule:	850 Windungen mit 0,3 mm Lackdraht
	auf 40 mm dickem PVC-Rohr, Länge ca. 25 cm
	Gleichstromwiderstand 35 Ohm, Induktivität 4,3 mH
	Resonanzfrequnez ca. 1,3 MHz
Primärspule:	20 Windungen mit 0,9 mm Lackdraht
	auf 50 mm dickem PVC-Rohr, Länge 20 mm
	Induktivität 26 μH

4.6 Bedienungsanleitung

4.6.1 Beschreibung der Bedienungselemente

Auf der Vorderseite

Modulationsschalter: Ist ein Schalter mit drei Stellungen. Es kann Amplitudenmodulation (AM), Frequenzmodulation (FM) und reiner CW-Betrieb in der Mittelstellung gewählt werden. Bei der Amplitudenmodulation ist es notwendig, die Trägerspannung auf die Hälfte zu reduzieren, um die Endstufe nicht durch die Aussteuerung zu überlasten. Das geschieht automatisch, wenn der Modulationsschalter in Stellung AM gebracht wird. Auch wenn noch kein NF-Signal eingespeist wird oder das Modulationspoti auf Linksanschlag steht, wird die Leistung zurückgenommen. Das ist kein Fehler des Gerätes. Wenn die maximale Leistung benötigt wird, muss AM ausgeschaltet werden. Bei FM erfolgt keine Reduzierung der Leistung.

Eingang für externe Modulation: Der Chinch Stecker ist für das Einspeisen eines externen Audiosignals für die Modulation vorgesehen. Geeignet sind alle Line-Out und Kopfhörerausgänge aus fast allen Audiogeräten wie CD-Player, Radios, Kassettenrecorder usw. Zu beachten ist, dass der Eingang nur Mono ist und bei einem Stereoausgang u.U. ein Kanal durch den Klinkenstecker kurzgeschlossen wird.

Ausgänge mit großer Leistung, wie z.B. Lautsprecherausgänge von Verstärkern, sollten nicht verwendet werden !

Modulationspoti: Mit diesem Einstellregler kann die angelegte Modulation in ihrem Pegel geregelt werden. Es sollte vor dem Anlegen einer Modulation mit unbekanntem Pegel immer auf Linksanschlag stehen.

Die Einstellung dieses Potis ist nur in einer der beiden Modulationsarten AM oder FM wirksam und regelt die Tiefe der Modulation, also die Lautstärke.

Frequenzbereichsschalter: Damit wird der Frequenzbereich zwischen 500 bis 800 kHz und 800 bis 1500 kHz umgeschaltet.

Frequenzpoti: Mit diesem Einstellregler kann die Trägerfrequenz, also die Ausgangsfrequenz, in dem gewählten Bereich stufenlos eingestellt werden.

Leistungpoti: Mit diesem Einstellregler wird die Ausgangsleistung von 0 bis 40 W stufenlos eingestellt. Wenn der Regler auf dem Linksanschlag einrastet, ist die Endstufe ausgeschaltet und der Ausgang frei von HF. Wird keine HF benötigt, so sollte das Poti immer eingerastet und nicht nur zurückgedreht werden. Dadurch verringert man die Verluste und die Erwärmung der Kühlkörper bleibt gering.

Netzschalter: Dieser Druckschalter schaltet das Gerät ein und aus. Er ist mit einer Kontrollleuchte ausgestattet und zeigt das Vorhandensein der Netzspannung bzw. einen eventuellen Sicherungsfall im Kaltgerätestecker an.

HF LED: Diese gelbe Leuchtdiode zeigt an, dass die Endstufe eingeschaltet ist und HF am Ausgang anliegen kann.

Übertemperatur LED: Diese rote Leuchtdiode zeigt an, dass die Endstufe wegen Übertemperatur ausgeschaltet wurde. Bei Erreichen einer Kühlkörpertemperatur von größer 70°C wird die Endstufe automatisch ausgeschaltet. Nach ca. 15 min. erfolgt die Wiedereinschaltung automatisch!

Leuchtet diese LED auch im kalten Zustand, so liegt ein Sicherungsfall in der Endstufe im Inneren des Gerätes vor.

Auf der Rückseite

Kaltgerätestecker: Hier wird die Netzspannung von 230 V~ eingespeist.

HF-Ausgang: Dieser Stecker ist ein sogenannter PL- oder UHF-Stecker. Hier wird die zu betreibende Last angeschlossen. Der Ausgang ist für den Betrieb einer Last mit 50 Ohm ausgelegt. Ein dazwischen liegendes Kabel muss daher einen Wellenwiderstand von ebenfalls 50 Ohm aufweisen, z.B. RG 58 Koaxkabel. Im Experimentierbetrieb kann der Sender alle Lasten zwischen Kurzschluss und Leerlauf betreiben. Im Leerlauf steigt die Ausgangsspannung an und wird begrenzt, um wieder ein sauberes Signal zu erhalten, muss die Leistung reduziert werden.

Die maximale Ausgangsleistung von 40 W wird allerdings nur an einer 50 Ohm Last erreicht. Eine übermäßige Fehlanpassung führt nach längerem Betrieb zu einer Abschaltung durch Übertemperatur.

Kühlkörper: Darauf sind die beiden Leistungstransistoren berührungssicher montiert. Die Kühlkörper können im Betrieb bis zu 70°C erreichen. Vorsicht bei Berührung ! Sie dürfen nicht abgedeckt oder mit leicht entzündlichen Materialien in Berührung gebracht werden.

Alle hier dargestellten Bilder finden sie im Internet auf der HC&RS Home Labor Page.

HC&RS Home Labor Page:	`Http://www.hcrs.htl-hl.ac.at`
40 W Transistor MW Sender:	`Http://www3.htl-hl.ac.at/homepage/hcrs/tranmw.htm`

5 Mikrowellenexperimente

5.1 Das Magnetron

Abb. 49 zeigt eine Magnetfeldröhre oder Magnetron, wie sie in einem Mikrowellenherd verwendet wird. Sie erzeugt eine Frequenz von 2455 MHz bei einer Ausgangsleistung von 500 W. Die freigegebene Industriefrequenz für Mikrowellenerwärmung ist 2450 MHz±50 MHz. In diesen Bereich fallen alle üblichen Magnetfeldröhren.

Abb. 49: Magnetron

Die Sendeantenne ist schon in die Röhre integriert und ragt aus dem oberen Flanschblech heraus. Die Mikrowellen werden nicht, wie viele meinen, aus dem Loch in der Blechkappe ausgesandt. Die Blechkappe verdeckt nämlich nur den Saugstutzen zur Evakuierung der Röhre und bildet gleichzeitig den leitenden Teil der Antenne. Diese ist auf die Frequenz abgestimmt und strahlt ähnlich einem Dipol, wobei hier der Gegenpol der obere Flansch ist.

Die beiden Ringmagneten sind unterhalb und oberhalb der Kühllamellen zu sehen. Die Kühllamellen umschließen die nur 5 cm dicke Röhre komplett und ermöglichen so in Verbindung mit einem Lüfter eine ausreichende Wärmeabgabe der Anodenverlustleistung. Die beiden Heizanschlüsse sind gegenüber dem Gehäuse sehr gut isoliert, da hier die negative Hochspannung anliegt. Die Heizspannung ist also der Hochspannung überlagert.

Abb. 50: HF-Filter im Magnetron

Abb. 50 zeigt, was sich in dem Blechkasten unter dem Magnetron befindet. Die beiden Heizanschlüsse gelangen über eine Durchführung auf zwei Drosseln. Die Durchführung besitzt eine geringe Kapazität, was HF kurzschließt. Die Drosseln sind für HF hochohmig und verhindern HF-Auskopplungen auf die Netzseite. Sie enthalten einen Ferritkern, der aber die Spule nur zu einem Teil ausfüllt. Er ist so angebracht, dass das der Kathode nahe Ende eine Luftspule bildet. Dieser Teil der Spule weist geringere Verluste auf und bietet einen besseren Rückhalt für die Mikrowellen.

Der keramische Isolator, in den die Heizanschlüsse führen, ist der Unterteil der Röhre. Durch ihn können natürlich Mikrowellen aus der Röhre herausstrahlen. Mit einer HF-Dichtung ist die Anode gut mit dem Gehäuse verbunden, was ein Austreten der Mikrowellen auf der Oberseite des Blechkastens verhindert. Er ist normalerweise natürlich auch unten verschlossen.

Tabelle 20: Betriebsdaten des Magnetrons 2M213

Bezeichnung:	***Formelzeichen***	***Wert***	***Einheit***
Heizspannung:	U_H	3.5	V
Heizstrom:	I_H	11.5	A
HF-Leistung:	N	500	W
Mittlerer Anodenstrom:	I_{AAvg}	200	mA
Maximale Anodenspannung:	U_{Amax}	3.85	kV
Frequenz:	f	2455	MHz

5.1.1 Aufbau und Funktion

Abb. 52 zeigt ein aufgeschnittenes Magnetron. Es sind gut die Übereinstimmungen mit der schematischen Darstellung in *Abb. 51* zu erkennen. Das

Magnetron wurde hier nur der Länge nach aufgeschnitten, während die schematische Darstellung einen Querschnitt zeigt. Es sind die Kammern der Hohlraumresonatoren zu sehen, die durch Kupferlamellen gebildet werden und an die äußere Hülle angeschweißt sind. Die Ringe am inneren Ende der Lamellen dienen zur Parallelschaltung der einzelnen Resonatoren. In deren Mitte befindet sich die Glühkathode. Die Heizanschlüsse sind auf der rechten Seite zu sehen. Auf der linken ragt der dicke Kupferdraht heraus, der die Auskopplung und Zuleitung zur Antenne bildet. Der Keramikisolator der Antenne ist leider während des Öffnens abgebrochen. Die Antenne sah aber genauso aus wie in *Abb. 49*.

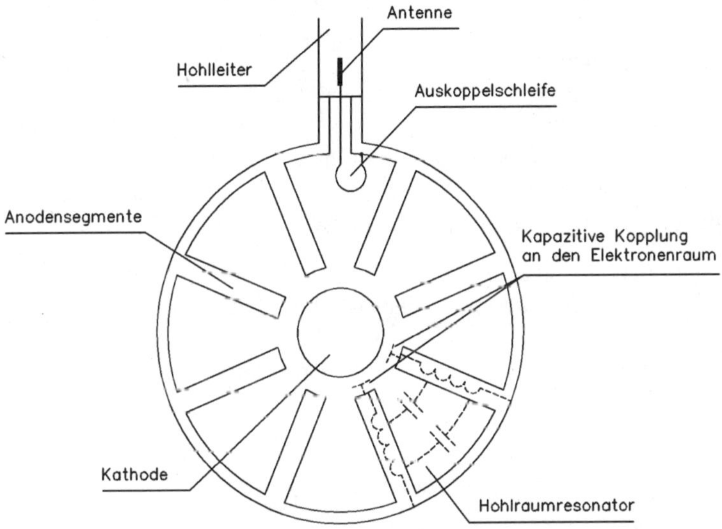

Abb. 51: Schematische Darstellung eines Magnetrons

Aus den unterschiedlichen Materialien lässt sich auf die Magnetfeldführung schließen. Die beiden Deckplatten, neben denen sich normalerweise die Ringmagnete befinden, sind aus Eisen gefertigt und verjüngen sich zum Zentrum hin. Dadurch wird das Magnetfeld genau in dem Spalt zwischen Kathode und Resonatorkammern konzentriert. Die Kupferumhüllung dazwischen verhindert einen magnetischen Kurzschluss und leitet die Verlustwärme gut ab.

Am einfachsten lässt sich die Funktion eines Magnetrons mit der einer Pfeife vergleichen. Wenn in der Pfeife ein Luftstrom über eine scharfe Kante streicht, entsteht im Pfeifenkörper eine Schwingung.

Abb. 52: Längsschnitt eines Magnetrons

Im Magnetron wird ausgehend von der Glühkathode ein Elektronenstrom erzeugt. Durch das Magnetfeld der beiden Ringmagnete erfahren die Elektronen eine Kraftwirkung, die durch die Lorenzkraft hervorgerufen wird. Diese Ablenkung im Magnetfeld zwingt die Elektronen in eine kreisförmige Bahn. Dabei streichen die Elektronen entlang der Schlitze in der Anode und regen dabei Schwingungen in den Resonanzkammern an.

Die in den Kammern angeregten Schwingungen beeinflussen wiederum den Elektronenstrom. Jede Schwingung in einer Kammer sendet Bündel von Elektronen aus. Das geschieht hauptsächlich durch die kapazitive Kopplung der Resonanzkammern an den Elektronenraum. Die Kapazität wird hier durch die der Kathode nahen Enden der Lamellen gebildet. Diese wirken wie ein Kondensator, der mit der Induktivität der Lamellen einen Schwingkreis bildet. Die mechanischen Abmessungen einer Kammer sind maßgebend für ihr L und C und somit für die erzeugte Frequenz. An den Enden der Lamellen liegt demnach nicht mehr die Anodengleichspannung an, sondern eine hochfrequente Wechselspannung, deren elektrisches Feld mit dem Elektronenstrom gekoppelt ist.

Die Kopplung führt zu einer Beeinflussung des Elektronenstroms. Es bilden sich Pakete, die sich mit dem Elektronenstrom weiterbewegen. Wenn so ein Elektronenpaket den nächsten Schlitz zur richtigen Zeit erreicht, erteilt es der Schwingung in der nächsten Kammer einen Anstoß. Sind alle geometrischen Abmessungen richtig gewählt, kann das ganze Magnetron zu einer Resonanzschwingung angeregt werden. Im Resonanzfall braucht dann ein Elektronenbündel von einem Schlitz zum anderen genauso lang wie eine oder mehrere vollständige Schwingungen eines Hohlraumresonators.

Ein eingeschwungenes Magnetron kann mit einem Asynchronmotor verglichen werden, dessen Läufer sind hier die gebündelten Elektronen. Die Elektronen-

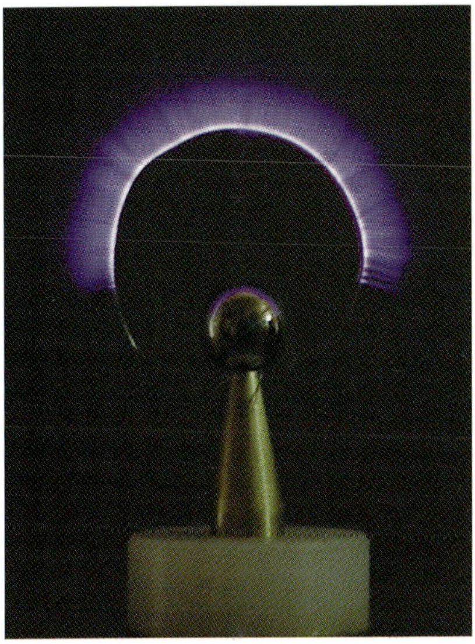

Abb. 57: Zerstreute Entladung durch Modulation

Abb. 58: Ionisierte Glühbirne

Abb. 59: HF-Funken

Abb. 60: Entladung an einem dünnen Draht

Abb. 61: HF-Lichtbogen

Abb. 62: Ionisierte Glühbirne

Abb. 63: Leuchtstoffröhre in der Mikrowelle

Abb. 64: Plasmaball in der Mikrowelle

Abb. 65: Glühbirne in der Mikrowelle

Abb. 66: Geschmolzene Glühbirne in der Mikrowelle

Abb. 67: HF-Flamme mit 1,5kW Dauerleistung

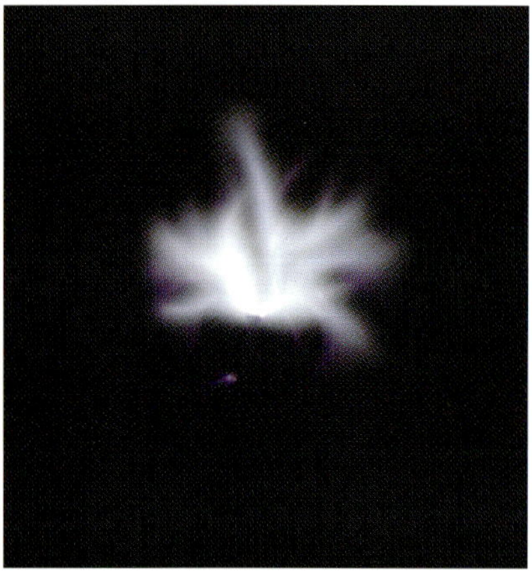

Abb. 68: Entladung mit kurz gepulster HF

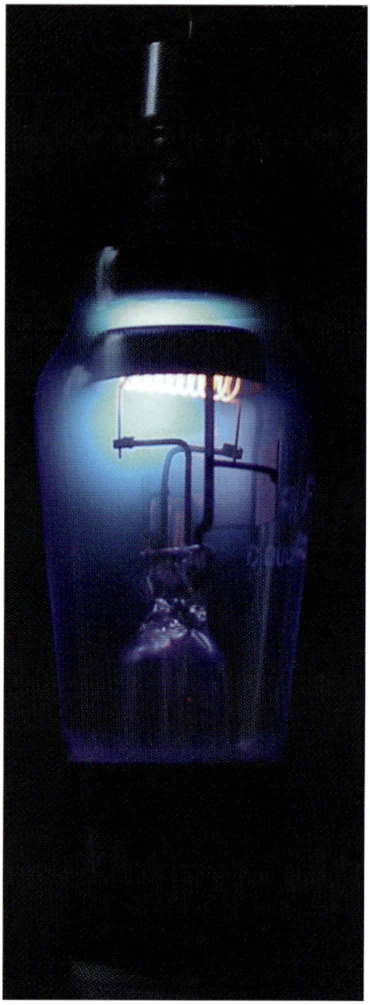

Abb. 69: Quecksilber Gleichrichter DQ2

Abb. 70: Entladungen treten aus dem Toroid aus

Abb. 71: Korona an einem dünnen Draht

Abb. 72: Durchdringung eines Isolators

Abb. 73: Ungefährliche Funken am Teslatrafo

Abb. 74: Ionisiertes Gas im Radiometer

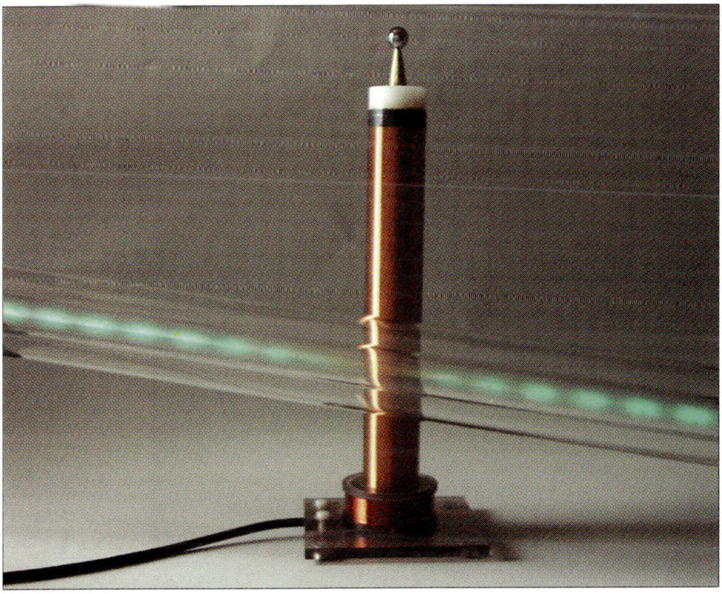

Abb. 75: Knotenbildung in einer Entladungsröhre

Abb. 76: Zerstreute Entladung an der offenen Elektrode

Abb. 77: Viele Funkenkanäle durch gepulste Erregung

bündel rotieren mit der Nennfrequenz um die Kathode herum. Sie folgen immer den Zuständen in den Resonatorkammern, die alle zusammen ein Drehfeld bilden. Um diese Verteilung des Drehfeldes entlang der Anode zu stabilisieren, sind alle geradzahligen Lamellen mit einem Kupferring verbunden und alle ungeraden mit einem anderen. Dadurch wird verhindert, dass die Resonatoren mit einer Vielfachen der Kreisfrequenz des Elektronenstroms schwingen.

Diese Verschaltung kommt einer Parallelschaltung der Resonatoren gleich, was hilfreich bei der Auskopplung der Energie ist. Die wird nur an einer Lamelle abgenommen, was das Feld in diesem Resonator natürlich schwächt. Durch die Verbindung aller Resonatoren entlang des Umfangs wird die Energie gleichmäßig aus jedem Resonator abgezogen.

Die ausgekoppelte Schwingungsleistung wird auf eine Antenne geführt, die diese dann abstrahlt. Bei Mikrowellen sind Antennen sehr klein und daher einfach aufzubauen. Es reicht hier schon aus, den metallenen Saugstutzen an die Hochfrequenz anzuschließen. Wenige cm Isolierung bringen die nötige Antennenhöhe über der Massefläche.

Die Auskopplung ist meist als Anzapfung an eine der Lamellen ausgeführt. Damit wird eine Induktivität des Schwingkreises angezapft. Diese stellt einen Spartrafo dar, mit dessen Hilfe eine Impedanzanpassung auf die Antenne möglich ist, wie es schon unter Punkt 3.4 beschrieben wurde.

Ein Magnetron ist ein effektiver Umwandler der Gleichstromenergie in Hochfrequenzenergie, die mit der mechanischen Energie beim Motor zu vergleichen ist. Der Wirkungsgrad dieser Umwandlung ist im Vergleich zu Hochfrequenzverstärkern relativ hoch und liegt bei 70 bis 80 %.

5.1.2 Spannungsversorgung

Die genaue Ansteuerung eines Magnetrons, wie sie in einem Mikrowellenherd verwendet wird, ist in *Abb. 53* dargestellt. Es ist eine Einpuls-Verdopplerschaltung für die Anodenspannung. Aufgrund der sehr hohen Spannungen und des dadurch nötigen Isolationsaufwands wird ein Trafo (Tr1) mit nur ca. 1,5 kV Ausgangsspannung verwendet. Die Trafospannung lädt in der positiven Halbwelle den Kondensator C1 etwa auf den Spitzenwert von 2,1 kV auf. In dieser Zeit ist das Magnetron Rö1 über die Diode D1 kurzgeschlossen und kann keine Leistung abgeben. In der negativen Halbwelle liegt dann der Kondensator C1 in Serie zur Sekundärwicklung von Tr1, wodurch sich in dieser Zeit die Kondensatorspannung zur Trafospannung addiert. Im Mittel werden so etwa -4 kV zur Versorgung des Magnetrons erreicht. Die Spannung muss negativ sein, da die Anode des Magnetrons direkt mit dem Gehäuse, also mit Masse, verbunden ist. An der Kathode benötigt es also eine negative Spannung.

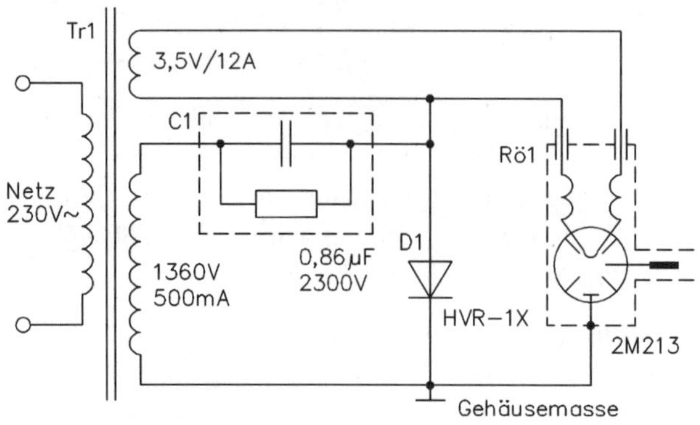

Abb. 53: Spannungsversorgung eines Magnetrons

Abb. 54: Typischer Aufbau eines Mikrowellenherdes

Der Vorteil der Schaltung ist, dass zusätzlich zur Verdopplung auch noch eine Gleichrichtung mit nur zwei Hochspannungsbauteilen erreicht wird. Der Nachteil ist, dass diese Spannung mit der Netzfrequenz, also mit 50 Hz, pulsiert und immer eine halbe Periode lang aussetzt.

Der typische Aufbau einer solchen Schaltung in einem Mikrowellenherd ist in *Abb. 54* dargestellt. Der Hochspannungstrafo befindet sich in der Mitte unten. Direkt darüber sitzt das Magnetron mit seinen zwei isolierten Heizanschlüssen. Es ist so angebracht, dass die Antenne direkt in den Hohlleiter darüber ragt, der zum Garraum führt. Auf der linken Seite des Magnetrons ist der Temperaturfühler zu erkennen, der es vor thermischer Überlast schützt. Unter dem Fühler ist der Lampensockel zur Beleuchtung des Garraums angebracht. Rechts neben dem Magnetron befindet sich der Ventilator für dessen Kühlung. Die Kühllamellen verlaufen parallel zum Luftstrom und sind nicht sichtbar. Unter dem Ventilator befindet sich der Hochspannungskondensator. An seinem unteren Pol ist die Gleichrichterdiode angeschlossen, die mit ihrem anderen Pol direkt auf Masse geschraubt ist. Die Masseverbindung vom Trafo zum Magnetron und zur Diode erfolgt hier über das Gehäuse.

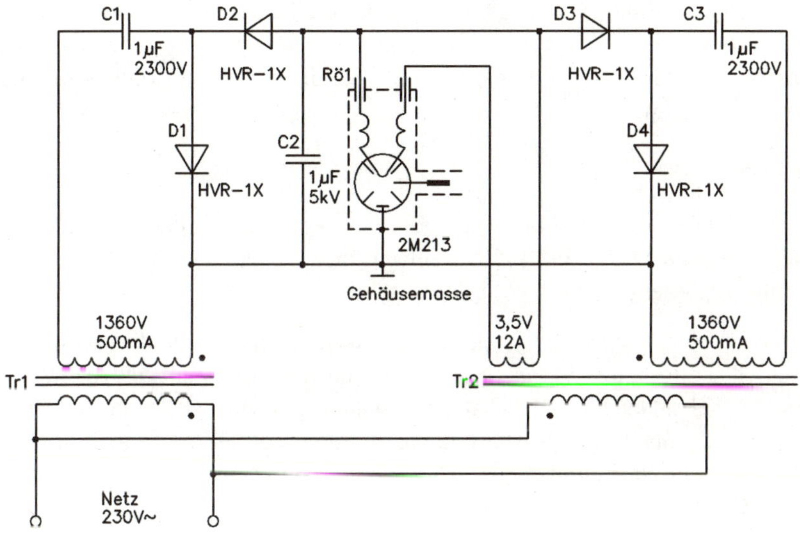

Abb. 55: Zweipuls-Verdopplerschaltung

Ein normaler Mikrowellenherd setzt mit seiner Leistung immer für eine halbe Periode der Netzspannung aus. Für das Kochen und Wärmen ist das vollkommen nebensächlich. Doch für diverse Experimente mit Plasmabällen wünscht man sich oft eine konstantere Leistung. Die Plasmabälle kühlen in der Leistungslücke ab, wodurch sie unruhig und instabil werden. Das ist vergleichbar mit dem Betrieb des Teslatrafos mit modulierter HF. Der Unterschied ist in *Abb. 59* (s. Farbteil) und *Abb. 57* deutlich zu sehen.

Wenn man anstelle der Einpuls-Verdopplerschaltung eine Brückengleichrichterschaltung mit Glättungskondensator verwendet, werden die Plasmabälle viel heißer und stabiler. Dazu wird allerdings ein Trafo mit ca. 3 kV Sekundärspannung und ohne geerdeter Wicklung benötigt. Da ein Trafo aus einem Mikrowellenherd immer nur ca. 1,5 kV erzeugt und noch dazu einseitig geerdet ist, muss eine andere Lösung gefunden werden.

Die Verdopplerschaltung wird beibehalten und über zwei Dioden (D2, D3) eine weitere hinzugefügt. Man benötigt dazu zwei gleiche Trafos, vier Hochspannungsdioden und zwei Hochspannungskondensatoren. *Abb. 55* zeigt so eine Zweipuls-Verdopplerschaltung mit geerdeten Sekundärwicklungen und geerdeter Last. Auch das Magnetron ist geerdet und muss mit der Sekundärwicklung fix über das Gehäuse verbunden bleiben. Diesen Erdungsproblemen geht man mit den zwei zusätzlichen Dioden D2 und D3 sowie durch eine phasenverschobene Versorgung der Trafos aus dem Weg. Jeder Zweig dieser Schaltung arbeitet nun abwechselnd auf den Kondensator und dann auf die Last. Durch die primäre Verschaltung wird die Lücke des einen Zweiges in den Arbeitsbereich des anderen geschoben. Die so erzeugte Ausgangsspannung entspricht der einer Brückenschaltung. Sie wird durch den Kondensator C2 noch etwas geglättet.

Tipps

Es kann mitunter etwas schwierig sein, die richtige Verschaltung der Trafos herauszufinden. Denn wenn die Phasenlage nicht stimmt, dann arbeitet die Schaltung wie eine Einpuls-Verdopplerschaltung.

Die richtige Verschaltung ist jene, bei der zwischen den Sekundärwicklungen der beiden Trafos eine Spannungsdifferenz auftritt. Gemeint sind damit die Punkte C1-Tr1 und C3-Tr2. Ist dort eine Spannung zu messen, dann sind beide Trafos im Gegentakt. Durch Anlegen von einigen Volt an die Primärwicklungen lässt sich die Spannung auch noch mit einem normalen Multimeter messen und nötigenfalls durch Umpolen der Primärseite eines Trafos korrigieren.

Zu beachten ist, dass ein Trafo etwa 1:10 übersetzt. Aus 10 V werden also ca. 100 V und zwischen den beiden Wicklungen muss man dann bei richtiger Phasenlage etwa 200 V messen.

Versuchsergebnisse

Die Schaltung selbst nimmt etwa den doppelten Strom auf als der Mikrowellenherd im Originalzustand. Mit einem Glas Wasser im Inneren sind es etwa 9 A anstelle von 5 A im Normalbetrieb. Im Extremfall, also wenn sich ein Plasmaball bildet, können es aber bis zu 12 A sein. Auf eine entsprechende Absicherung ist deshalb zu achten. Wenn ein leistungsstarker Regeltrafo zur Verfügung steht, sollte dieser verwendet werden. Der Strom kann somit auf einen vernünftigen Wert eingestellt werden. Zu beachten ist, dass aber auch die Heizspannung damit verringert wird. Zu weit sollte nicht zurück geregelt werden.

Da mit dieser Schaltung auch etwa die doppelte Leistung umgesetzt wird, ist von einem Dauerbetrieb abzuraten. Ein Magnetron ist zwar sehr massiv aufgebaut und deshalb nicht unmittelbar gefährdet. Es verkürzt sich maximal seine Lebensdauer. Doch es könnte der Übertemperaturschutz ansprechen und so zu periodischen Aussetzern führen.

Zum Kochen ist diese Schaltung ohnedies nicht gut geeignet, denn es bilden sich sehr leicht und ohne ersichtlichen Grund Plasmabälle. Ein kleiner Funke, der im Normalbetrieb nur als Knistern wahrgenommen wird, kann in der sehr kurzen Leistungslücke nicht auskühlen und wächst zu einem Plasmaball an. Wenn so ein Plasmaball über Ihr Essen läuft, ist es nicht gekocht, sondern verkohlt.

5.2 Experimente mit Mikrowellen

Von Versuchen an einem freistehenden Magnetron ist dringend abzuraten. Damit ist gemeint, es darf keine Hochspannung angelegt werden. Auch ein langsames Erhöhen der Spannung ist nicht zu empfehlen. Da das Magnetron ähnlich wie ein Motor erst ab einer gewissen Spannung anschwingt, steht dann sofort Leistung zur Verfügung. Wird auch noch die Heizspannung mit der Anodenspannung erhöht, also der Trafo primärseitig geregelt, dann beginnt es überhaupt erst kurz vor Erreichen seiner Nennspannung schlagartig zu arbeiten.

Es ist nicht gefährlich, nur die Heizung alleine zu betreiben. So lässt sich kontrollieren, ob sie noch in Ordnung ist. Wenn es durch die Keramikisolatoren leicht herausleuchtet und die Kühlrippen nach einiger Zeit warm werden, arbeitet sie. Hierbei entstehen noch keine Mikrowellen. Dieses geheimnisvolle Leuchten aus dem Isolator unter der Antenne ist nichts anderes als das Licht der Glühkathode, wie wir es von normalen Röhren her gewohnt sind.

Die Mikrowellen sind nur eine elektromagnetische Strahlung wie jede andere auch. Sie sind weder ionisierend noch aktivierend. Ein Magnetron ist nach Abschalten der Hochspannung sofort frei von Strahlung und kein radioaktiver Sondermüll, wie viele meinen.

Die Gefahr liegt nur in der Erwärmung aller dielektrischer Stoffe, wozu auch der menschliche Körper zählt. Das wird natürlich erst ab einer gewissen Leistung gefährlich. Jeder, der sich ein Handy ans Ohr hält, strahlt sich einige Watt HF in den Kopf. Problematisch wird es erst bei höheren Leistungen wie sie ein Magnetron liefern kann.

Die Mikrowellen können doch einige cm tief eindringen und innere Verbrennungen hervorrufen. Eine Erwärmung im Körperinneren wird meist nicht sofort wahrgenommen, was sie noch gefährlicher macht.

Mikrowellen breiten sich durch die hohe Frequenz ähnlich dem Licht aus, können vom Auge aber nicht wahrgenommen werden. Wenn in eine strahlende Antenne oder in einen Hohlleiter geblickt wird, können Verbrennungen der Netzhaut auftreten.

Ein Mikrowellenherd ist die ideale Versuchskammer. Er ist vollständig abgeschirmt, so dass keine schädliche Strahlung nach außen dringen kann. Er eignet sich daher bestens für Versuche mit Hochfrequenz und ist im allgemeinen auch leicht zu beschaffen. Denn wenn man so richtig loslegen möchte, ist es empfehlenswert, einen Mikrowellenherd zu verwenden, indem nachher nicht mehr gekocht wird. Durch diverse Plasmabälle und HF-Lichtbögen wird die Innenlackierung rasch verbrannt und unansehnlich.

Nach jeder stärkeren Beanspruchung sollte kontrolliert werden, ob alle zur Abschirmung dienenden Metallteile noch intakt sind. Da man bei diesen Versuchen meistens mit der Nase an der Scheibe „klebt", ist es sehr wichtig, dass keine HF durch das Abschirmgitter in der Scheibe austritt.

Ein Lecktester für Mikrowellen kann hierbei sehr hilfreich sein. Solche Geräte sind in vielen Elektronikgeschäften erhältlich. Im Prinzip ist es nur ein Messgerät mit vorgeschaltetem Mikrowellengleichrichter.

In *Abb. 63* (s. Farbteil) wurde eine kleine Leuchtstoffröhre auf den Drehteller gelegt. Wenn sie sich durch eine Zone hoher Feldstärke bewegt, zündet sie und beginnt sehr hell zu leuchten. Im Bild ist zu sehen, dass der rechte Teil heller leuchtet als der Rest der Röhre. Dort befindet sich die Röhre gerade in einer Zone hoher Feldstärke.

Diese Zonen entstehen durch Reflexion an den Wänden des Innenraumes und anschließender Überlagerung mit den nachkommenden Wellen. Es bilden sich sogenannte stehende Wellen wie auch auf der Paralleldrahtleitung unter Punkt 1.4.3.

Die Wellenlänge beträgt bei Mikrowellen nur einige cm. Es gibt dadurch sehr viele Knoten und Löcher im Innenraum. Das ist auch der Grund, warum ein Drehteller verwendet wird. Denn sonst wäre das Essen nur dort warm, wo auch die Feldstärke hoch ist. Das langsame Drehen bringt jeden Teil des Essens in eine Zone hoher Feldstärke.

Neuere Geräte besitzen anstelle des Drehtellers einen „Wellenquirl" in der Decke, der wie ein Ventilator aussieht. Er soll aber nicht das Essen kühlen, sondern die Wellen zerstreuen. Seine Form erinnert nur deshalb an einen Ventilator, weil der Luftstrom, der zur Kühlung des Magnetrons dient, ihn in Rotation versetzt. Durch seine Drehung werden die Ausbreitungsbedingungen für die Mikrowellen ständig verändert, so dass die Knoten im Innenraum herumwandern.

Dieser Flügel ist meistens nicht direkt sichtbar, da er unter der Innenverkleidung aus Kunststoff versteckt ist. Die Mikrowellen können Kunststoff ohne Probleme durchdringen, reflektieren aber an allen Metallteilen. Für viele Experimente ist zu empfehlen, dass dieser Flügel entfernt wird.

Denn wenn das passiert, was in *Abb. 64* (s. Farbteil) dargestellt ist, wird die Abdeckung schnell verbrennen und der Flügel schmelzen.

Die 500 W waren der Leuchtstoffröhre nach ca. 10 Sekunden doch zuviel und sie ist zerplatzt. Der Vorteil des Mikrowellenherdes ist, dass keine Splitter nach außen dringen können. Das ist wichtig, denn mancher Knalleffekt setzt sehr große Energien frei.

Das Licht von der Decke lässt hoffen, dass das noch nicht alles war. Durch das Gas, dass aus der Röhre entwichen ist, hat sich an der Decke des Mikrowellenherdes ein Plasmaball, wie in *Abb. 64* gebildet. Er steht vor dem Hohlleiter, der die Mikrowellen vom Magnetron zum Garraum führt. So ein Plasmaball bleibt relativ lange an einer Stelle stehen und kann sich auch im Hohlleiter festsetzen.

Weitere Versuche

Plasmabälle bilden sich immer dann, wenn leitende Materialien oder Gase durch die Mikrowellen ionisiert werden. Ist die Luft einmal heiß, bleibt das Plasma bestehen, da die bereits ionisierte Luft aufgrund ihrer Leitfähigkeit die Leistung der Mikrowellen umsetzt und sich so weiter aufheizt. Hat sich einmal eine kleine, lokale Überhitzung der Luft gebildet, so saugt sie die Mikrowellen richtiggehend auf und wächst dadurch an. Die erreichte Größe ist praktisch nur von der Leistung des Magnetrons abhängig.

Das fast die ganze Leistung in einem Plasmaball umgesetzt wird, zeigt noch ein anderer Effekt. Ist bereits ein Plasmaball entzündet und ein zweiter entsteht, dann verlöscht der erste. Das ist dann möglich, wenn sich der neue in einer Zone sehr hoher Feldstärke bildet. Er entzieht dann dem anderen richtiggehend die Energie.

Das die Plasmabälle sehr „energiehungrig" sind, zeigt sich auch in dem Effekt, der die Bälle zum Magnetron hinzieht. Trotz der vielen Reflexionen im Innenraum gibt es keine gleichmäßige Feldverteilung. Die Feldstärke ist in der Nähe des Magnetrons höher. So bleiben die meisten Plasmabälle vor dem Hohlleiter stehen, der die Mikrowellen vom Magnetron in den Innenraum führt. Auch wenn sie in der gegenüberliegenden Ecke entstehen, laufen sie auf der Decke immer wieder auf diese Stelle zu.

Um einen Plasmaball zu zünden, gibt es noch einfachere Methoden. Man kann z.B. einen Holzspan anzünden und ihn in den Mikrowellenherd stellen. Aus dem verbrannten Holz löst sich genügend heißer Kohlenstaub, der einen Plasmaball zünden kann. Das kann man mit fast allen brennbaren Stoffen versuchen, die einen feinen Ruß oder Staub freisetzen.

Die Plasmabälle erzeugen ein tiefes, brummendes Geräusch, dessen Frequenz 50 Hz beträgt. Das ist nichts besonderes, wenn man noch einmal das Schaltbild eines Mikrowellenherdes in *Abb. 53* betrachtet. Dort ist eine Verdopplerschaltung zu erkennen, die, wie oben beschrieben, nur jede negative Halbwelle an das Magnetron durchlässt. Der Ton wird, wie beim Mini-Teslatrafo unter Punkt 3.5.3 beschrieben, durch den Plasmaball in der Luft erzeugt.

Jetzt wird auch klar, warum eine Kunststoffverkleidung im Innenraum für diese Experimente nicht zu gebrauchen ist. Durch die heißen Plasmabälle verbrennt sie sehr schnell. Alle Kunststoffteile im Inneren sind nur zur Verschönerung gedacht, deshalb können sie ohne Probleme entfernt werden. Man darf aber nie Metallteile, außer den Wellenquirl natürlich, aus dem Innenraum entfernen, denn diese könnten der Abschirmung dienen.

Hat man erst einmal alle störenden Kunststoffteile aus dem Innenraum entfernt, kann man die Plasmabälle ruhig längere Zeit bewundern. Denn die Metallhülle kann nicht so leicht beschädigt werden wie die Kunststoffteile. Auch das Magnetron besitzt einen Überlastungsschutz in Form eines Temperatursensors an den Kühllamellen, der bei Überhitzung rechtzeitig abschaltet. Um das Magnetron braucht man sich keine Sorgen zu machen, denn wie in *Abb. 52* zu erkennen ist, besteht es zum Großteil aus massivem Kupfer.

In *Abb. 65* (s. Farbteil) ist zu sehen, wie eine Glühbirne in der Mikrowelle zum Leuchten gebracht wird. Diese leuchtet viel heller auf als die Leuchtstoffröhre, doch nicht etwa durch den Glühfaden. Das Gas in der Glühbirne wird ionisiert und entwickelt dabei ein gleißend helles Licht. Es entsteht so viel Wärme, dass das Glas weich wird und dem erhöhten Druck im Inneren nachgibt. An der Oberseite der Lampe bildet sich eine Beule, die schließlich unter einem lauten Knall aufplatzt und dadurch wieder einen Plasmaball an der Decke entstehen lässt. Der Glühfaden mit seinen Halterungen ist bei diesem Versuch ebenfalls bis auf den Sockel zusammengeschmolzen.

Der Glühfaden wird nicht benötigt, und deshalb funktioniert es auch mit einer defekten Glühbirne, solange sie nicht zerbrochen ist. Es wird insoweit nur das Gas zum Leuchten gebracht.

Tipps

Der Lampensockel zum Aufstellen der Glühbirne sollte ein keramischer sein. Es empfiehlt sich, möglichst alle Metallteile aus diesem zu entfernen, um unnötige Funkenbildung und Erwärmung am Sockel zu vermeiden. Denn sonst schmilzt der Sockel früher als das Glas.

Es kann durchaus vorkommen, dass die Glühbirne komplett explodiert und sich sonst nichts mehr tut. Um das zu vermeiden, kann man den Saugstutzen unter dem Schraubsockel abbrechen und dann die Glühbirne schnell in den Mikrowellenherd stellen. Dann kann sich das Gas ungehindert ausdehnen, es erhitzt sich der gesamte Glaskolben gleichmäßig und es kommt zu keiner Explosion.

Will man den Versuch fortsetzen, so wirkt ein eventuell entstandener Plasmaball dabei störend, weil er zuviel Leistung verbraucht und das Glas dadurch wieder abkühlt. Dann empfiehlt es sich, den Mikrowellenherd kurz auszuschalten, damit das Plasma auskühlt und erlischt. Danach kann man die Glühbirne weiter kochen.

Abb. 66 (s. Farbteil) zeigt die Glühbirne nach ca. 1 Minute „Garzeit". Das Glas ist schon so weit erhitzt, dass es glüht und über dem Sockel zu schmelzen beginnt. Das Gas ist zwar schon entwichen und kein Plasma mehr vorhanden, doch das Glas kann jetzt schon durch die Mikrowellen erhitzt werden. Heißes Glas ist elektrisch leitend und nimmt aus den Mikrowellen Energie auf.

Aus dem geschmolzenen Glas heraus bilden sich immer wieder Plasmabälle, die Richtung Decke aufsteigen. Wenn sie ruhiger an einer Stelle stehen würden, könnte man sie schon fast für Kugelblitze halten. Vielleicht gelingt es jemanden, einen richtigen Kugelblitz zu erzeugen. Es gibt Berichte, wonach sich bei solchen Experimenten sehr runde und vor allem ruhig stehende Plasmabälle gebildet haben sollen.

Eine praktische Anwendung für unliebsame CDs

Wenn man wieder einmal nach dem Kauf eines Computerheftes feststellen muss, dass die beigelegte CD eigentlich nur ein praktisches Zusammenrollen des Heftes verhindert und diese CD am liebsten auf den Mond schießen würde, gibt es dafür eine bessere Verwendung. Man lege eine solche CD auf einen Isolator, z.B. den Lampensockel, in den Mikrowellenherd. Bereits kurze Zeit nach dem Einschalten der Mikrowellen laufen Funken über die CD, die bald wieder erlöschen. Spätestens dann sollte man abschalten, um das entstandene Muster nicht mit der ganzen CD einzuschmelzen. *Abb. 56* zeigt dieses Muster, das sich etwa im Abstand der halben Wellenlänge auf der CD wiederholt. Es sind Funkenbahnen zu sehen, die sich in die dünne Metallfolie eingeschmolzen haben. Das ist auch der Grund, warum die Funken schnell erlöschen. Denn wenn in jedem Bereich hoher Feldstärke das Metall verdampft ist, kann dort kein weiterer Funken mehr entstehen.

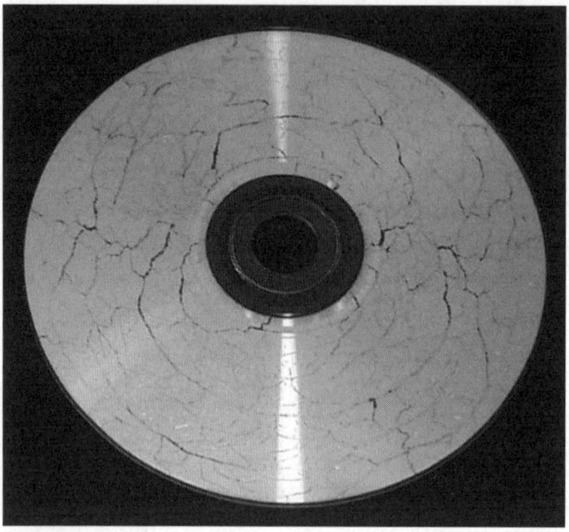

Abb. 56: Muster auf CD eingebrannt

Alle hier dargestellten Bilder in Farbe, sowie Videos zu den Experimenten finden sie im Internet auf der HC&RS Home Labor Page.

HC&RS Home Labor Page:	`Http://www.hcrs.htl-hl.ac.at`
Experimente mit Mikrowellen:	`Http://www3.htl-hl.ac.at/homepage/hcrs/mikro.htm`

Abb. 78: Entladungen an einer Kugelelektrode

Abb. 79: Blitz am 10.8.1999 über Stockerau

6 Klein-Teslatrafo

Für alle die in den Bereich größerer Funkenlängen vordringen möchten, denen aber der Bau des Hochleistungs-Teslatrafos im Kapitel 7 zu aufwendig ist, empfiehlt sich dieser kleine Teslatrafo. Er arbeitet ebenfalls nach dem Pulsprinzip und erzeugt ca. 10 cm lange Funken.

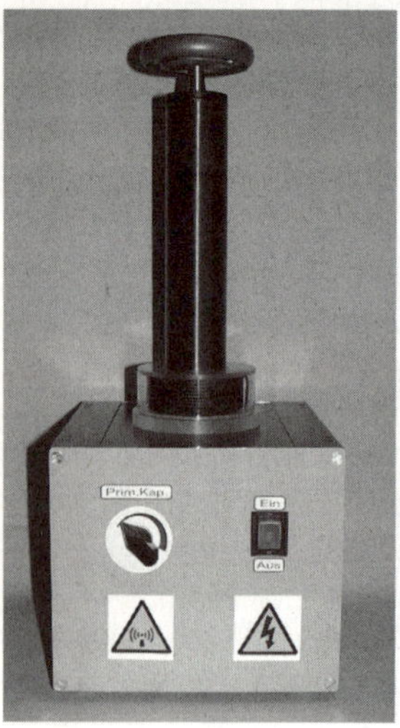

Abb. 80: Klein-Teslatrafo

Abb. 80 zeigt den kleinen Teslatrafo der als Tischmodell gefertigt ist. Die Sekundärspule ist direkt auf dem Gehäuse aufgesetzt. Die Primärspule ist berührungssicher mit einem Plexiglasrohr geschützt, und alle Hochspannungsbauteile sind im Inneren des Gehäuses untergebracht. Dieser Aufbau macht ihn ideal für Experimente mit Teslaspannungen, da die Funken noch dazu relativ harmlos sind.

6.1 Schaltungsbeschreibung

Abb. 81 zeigt die Schaltung dieses Teslatrafos, die im Wesentlichen der eines klassischen Teslatrafos mit Funkenstreckenerregung entspricht. Dadurch werden Leistungsspitzen erreicht, die mit herkömmlichen HF-Generatoren undenkbar wären. Nur so wird die beachtliche Funkenlänge von 10 cm erreicht. Eine Besonderheit dieses Teslatrafos liegt in den zuschaltbaren Kondensatoren, mit deren Hilfe eine Nachstimmung direkt im Betrieb ohne Unterbrechung möglich ist.

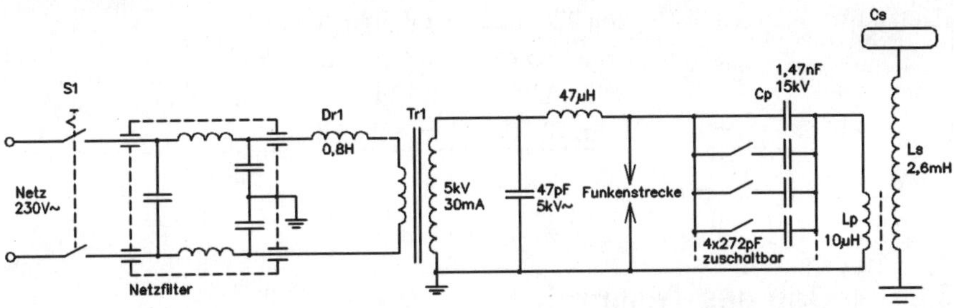

Abb. 81: Schaltung des Klein-Teslatrafos

Über den Netzschalter gelangt die Spannung zunächst zu einem Netzfilter, der HF-Auskopplungen in das Netz verhindert. Unmittelbar danach ist eine Strombegrenzungsdrossel Dr1 dem Trafo vorgeschaltet. Hierfür wurde ein Vorschaltgerät einer 40 W Leuchtstoffröhre verwendet. Der Trafo Tr1 erzeugt die Hochspannung von 5 kV für den Erregerkreis. Die nachgeschaltet LC-Kombination verhindert, dass HF aus dem Erregerkreis in den Trafo gelangen kann. Erst danach folgt der eigentliche Funkenstreckengenerator. Die Kapazität wird aus dem Hauptkondensator mit 1,47 nF gebildet. Ihm können über einen Hochspannungsschalter vier weitere, kleinere Kondensatoren mit je 272 pF parallel geschaltet werden. Die Schwingkreisspule Lp ist gleichzeitig die Primärspule des Teslatrafos. Nach dem Zünden der Funkenstrecke liegen die geladenen Kondensatoren parallel zur Spule und es entsteht eine Schwingung. Eine genaue Beschreibung der Funktion eines Teslatrafos findet sich in Kapitel 7.1.

Tabelle 21: Bauteilwerte des Teslatrafos

Fixe Kondensatoren Cp:	1000 pF / 15 kV und 470 pF / 15 kV ker. Parallel geschaltet
Umschaltbare Kondensatoren:	4 Gruppen je 4x68 pF/15 kV ker. Jede Gruppe einzeln zuschaltbar
Schalter:	5 Stufen Hochspannungsschalter mit 20mm Isolierabstand
Spannungszuführungsspule:	42 Wdg. mit 0,5mm Lackdraht auf 50mm Spulenkörper (ca. 47 µH)
Schutzkondensator:	47 pF / 5 kV~ ker. Kondensator

Funkenstrecke gem. Abb. 84:	4 x 0,5 mm dicke Scheiben, ID: 23 mm AD: 50mm 5 Messingscheiben, AD: 35 mm, 3 mm dick 5 Zentrierringe für die Messingscheiben ID: 35 mm, AD: 50 mm, 3 mm dick
Vorschaltgerät:	von Leuchtstofflampe 40 W / 0,43 A (ca. 800 mH)
Netztrafo:	von 220 V auf 5 kV/30 mA Prim.: 650 Wdg. 0,6 mm Lackdraht, Sek.:14300Wdg 0,12mm Lackdraht Kern EI 106, 45 mm Pakethöhe

6.2 Bau des Teslatrafos

Alle Komponenten der Schaltung werden in ein Aluminiumgehäuse mit den Abmessungen 22x20x23 cm eingebaut. Die Primär- und Sekundärspule werden auf der Oberseite des Gehäuses montiert.

Der Aufbau kann grob in drei Bauphasen gegliedert werden.

6.2.1 Erste Bauphase

Abb. 82 zeigt den Teslatrafo nach Montage der Kondensatoren, Montage und Anschluss des Hochspannungsschalters an die Kondensatorgruppen und Montage der Primär und Sekundärspule.

Abb. 82: Erste Bauphase des Teslatrafos

Die Kondensatoren werden mit einem Anschluss auf ein gegen das Gehäuse isoliertes Blech montiert. Der zweite Anschluss erfolgt beim Hauptkondensator mit Kupferbändern und bei den Kondensatorgruppen mit 2,5 mm² Installationsdraht. Im Erregerkreis treten sehr hohe Spannungen in der Größenordnung von 10 kV auf. Alle spannungsführenden Teile sollten daher mindestens 20 mm vom Gehäuse und von anderen leitenden Teilen entfernt sein. Zur Isolation des Blechs wurden hier PVC-Stücke mit beidseitigem Innengewinde verwendet. Wichtig ist dabei, dass sie keine durchgehende Bohrung besitzen. Auf der spannungsführenden Seite müssen Kunststoffschrauben verwendet werden. Das reduziert Sprühentladungen, die den Isolator zerstören können. Aus dem gleichen Grund sollen alle Kanten und Ecken abgerundet werden.

Auch bei der Durchführung der Zuleitung zur Primärspule durch das Metallgehäuse ist ein PVC-Stück nötig, um eine Berührung des Installationsdrahtes mit dem Gehäuse zu vermeiden. Seine Isolation ist für die auftretenden Spannungen nicht ausreichend. Er ist im Inneren des Gehäuses als blanker Draht zu behandeln und so zu verlegen, dass ein Isolierabstand von ca. 20 mm eingehalten wird. Auf der Primärspule selbst reicht die Isolation aus, da zwischen zwei Windungen eine entsprechend geringere Spannung auftritt. Nur das obere, nach unten führende Ende der Wicklung sollte auf keinen Fall den unteren Windungen zu nahe kommen.

Das untere Ende der Primär- und Sekundärspule (in *Abb. 82* noch nicht angeschlossen) wird an einem zentralen Erdungspunkt direkt mit dem Gehäuse verbunden. Das ist bei diesen kleinen Leistungen und durch die Verwendung eines Metallgehäuses noch zulässig. Ein Großteil der HF fließt von der Sekundärspule direkt zum Gehäuse und belastet dadurch die Erdleitung des Netzes nur gering.

Tabelle 22: Wickeldaten des Teslatrafos

Primärspule:	10 Wdg. mit 1,5 mm² Installationsdraht
	75mm Durchmesser, 30 mm hoch
	Schutzrohr: 100mm Durchmesser, 35 mm hoch
	10mm über Gehäuseoberseite
	Induktivität: 10 µH
Sekundärspule:	515 Wdg. mit 0,4 mm Lackdraht
	50 mm Durchmesser, 270 mm hoch
	Induktivität: 2,6 mH
	Resonanzfrequenz mit Toroid ca. 1,5 MHz
Toroid:	Aussendurchmesser: 95 mm
	Innendurchmesser: 55 mm
	Dicke: 20 mm

Die Wickedaten der Primär- und Sekundärspule sind in Tabelle 22 zusammengefasst. Beide Spulen werden jeweils auf ein PVC-Abflussrohr gewickelt. Die Primärspule wird in einem zweiten Schutzrohr mit Deckel aus Plexiglas untergebracht, damit jegliche Berührung des Erregerkreises ausgeschlossen ist. Denn die 5 kV, die dort vorherrschen, sind nicht so harmlos wie die Funken an der Spitze.

Der angegebene Mindestabstand der Primärspule zum Metallgehäuse ist wichtig, da ansonsten dem Schwingkreis zuviel Energie durch die Wirbelstromverluste im massiven Material des Gehäuses entzogen wird.

Die einlagig gewickelte Sekundärspule wird zum Schutz vor eventuellen Funkeneinschlägen und zur mechanischen Stabilität bei Temperaturschwankungen mit einem transparenten Lack überzogen. Am oberen Ende wird ein Stück Plexiglas eingeklebt, das eine radiale Bohrung zur Mitte hin enthält. Durch diese Bohrung wird der Draht von der letzten Windung auf das Messingstück geführt, dass dann den Toroid trägt.

Der Toroid selbst ist ein Kupferring, wie er zur Koronaabschirmung bei Hochspannung verwendet wird. Wegen der relativ geringen Dicke ist die Krümmung der Oberfläche stärker und die Funken können leichter direkt auf dem Toroid austreten als bei einer Kugel.

6.2.2 Zweite Bauphase

Abb. 83 zeigt den Teslatrafo nach Montage der Funkenstrecke (unten), der Spannungszuführungsspule mit Schutzkondensator (oben) und des Vorschaltgerätes (vorne).

Abb. 83: Zweite Bauphase des Teslatrafos

Die Zuführungsdrossel hat die Aufgabe, die HF aus dem Erregerkreis vom Netztrafo fernzuhalten. Sie muss einlagig gewickelt sein und mit dem oberen Ende an den Primärkreis angeschlossen sein. Am unteren Ende ist direkt an die Spule der Schutzkondensator auf Masse gelegt. Erst dort wird die Hochspannung vom Netztrafo angeschlossen.

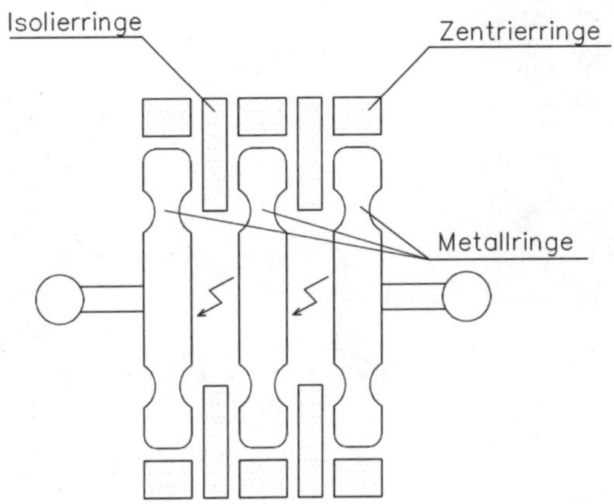

Abb. 84: Schnitt durch die Funkenstrecke

Abb. 84 zeigt das Prinzip der Funkenstrecke, die aus abwechselnd geschichteten Ringen aus Leit- und Isoliermaterial besteht. Der Anschluss der Funkenstrecke erfolgt über zwei Kupferbänder, da hier sehr hohe Ströme fließen. Das vordere Ende der Funkenstrecke wird an einem zentralen Erdungspunkt direkt mit dem Gehäuse verbunden.

6.2.3 Dritte Bauphase

Abb. 85 zeigt den Teslatrafo nach Montage und Anschluss des Netztrafos, Anschluss der Vorschaltdrossel, Montage und Anschluss des Netzfilters.

Zuletzt wird die Netzverkabelung vorgenommen. Es ist ganz wichtig, dass alle Netzleitungen so weit als möglich vom Erregerkreis entfernt sind, und sie müssen so befestigt sein, dass sie auf keinen Fall mit dem Erregerkreis in Berührung kommen oder auch nur den Isolierabstand von 20 mm unterschreiten können.

Der Netztrafo ist ein im Eigenbau gefertigter. Wickeldaten siehe Tabelle 21. Es ist aber auch möglich und weit einfacher, einen fertigen Neon- oder Zündtrafos zu verwenden. Hier eignen sich wegen der 5 kV Betriebsspannung besonders gut Zündtrafos aus Gasöfen. Eventuell müssen zwei parallel geschaltet werden, um die Leistung zu erreichen.

Abb. 85: Dritte Bauphase des Teslatrafos

Beim Selbstbau ist es notwendig, die Sekundärkammer vollständig zu verschließen. Die Schlitze für die Drahtzuführung müssen mit Kunststoff verdeckt und mit Epoxyharz verklebt werden. Alle 2000 Windungen muss eine Lage 0,2 mm dicker PTFE-Folie gewickelt werden, die am Rand möglichst hoch übersteht, um einen langen Funkenweg zur darunterliegenden Lage herzustellen. Die äußeren Windungen sind besonders gefährdet, da sie hohe Spannung führen und dem Eisenkern sehr nahe sind. Aus diesem Grund muss unbedingt die fertige Wicklung mit Stoffband umwickelt und mit Epoxyharz vollständig durchdrängt werden. Auch nur ein kurzer Probeversuch ohne einer solchen Isolation kann die Sekundärspule unbrauchbar machen.

Da ein Trafo auf einem EI-Kern immer ein sehr geringes Streufeld besitzt, ist es notwendig, den Trafo extern mit dem Vorschaltgerät zu beaufschlagen.

Wird ein Neon- oder Zündtrafo verwendet, ist das meist nicht erforderlich. Diese Trafos sind sogenannte Streufeldtrafos und haben einen erhöhten induktiven Innenwiderstand. Das kommt dem Vorschalten einer Drossel gleich. Der zusätzliche Widerstand verhindert, dass nach dem Zünden der Funkenstrecke die Entladung „durchgeht“ und einen sehr hohen Strom zieht.

6.3 Abstimmung

Die Abstimmung hat durch das Verändern der Windungszahl der Primärspule zu erfolgen. Mitunter ist es nicht möglich, mit dieser stufigen Abstimmung den genauen Resonanzpunkt zu treffen. In diesem Fall wird unter Verwendung der zu geringen Windungszahl im Inneren des Gehäuses in die Zuleitung zur Primärspule eine kleine zusätzlich Spule gewickelt, wie in *Abb. 85* zu erkennen ist. Das sind zwei Windungen mit ca. 20 mm Durchmesser, was etwa einer Viertel Windung auf der Primärspule entspricht.

Die Abstimmung erfolgt so, dass im normalen Betriebszustand, mit dem Toroid an der Spitze, die maximale Funkenlänge bei der ersten oder bei der zweiten Stufe des Schalters, also mit geringer zugeschalteter Kapazität, auftritt. Werden später diverse Objekte auf den Toroid gelegt, so erhöht sich die Sekundärkapazität, und das muss dann mit einer entsprechend höheren Kapazität im Primärkreis ausgeglichen werden. Diese Möglichkeit sollte man sich nicht dadurch verbauen, dass man schon ohne zusätzliche Kapazität fast alle Kondensatorgruppen zugeschaltet hat. Man sollte sich auch nicht von den eventuell geringfügig längeren Funken dazu verleiten lassen. Das ist ein ganz logischer Effekt, denn mehr Kapazität im Primärkreis kann auch mehr Energie speichern, und das gibt dem Funken eine größere Länge. Eine Fehlabstimmung durch eine Zusatzlast jedoch vermindert die Funkenlänge in einem viel stärkeren Maße, als die zusätzliche Energie eine Erhöhung bewirken könnte. Es ist also ratsam, die etwas kürzeren Funken in Kauf zu nehmen, dafür aber eine Nachstimmmöglichkeit bei Experimenten zu haben.

6.4 Die Entladungen

Ein pulserregter Generator erzeugt eine ganz spezielle Art von Funken, die nicht mit denen eines CW-Teslatrafos zu vergleichen sind. Durch die ständig abreißende HF entstehen immer wieder neue Funkenkanäle. Der Funke brennt nicht ruhig an einer Stelle, sondern wird bei jeder Entladung des Primärkondensators neu gezündet. Das hat zur Folge, dass er erstens sehr unruhig wird und sich stark bewegt. Zweitens ist so ein Funken sehr laut, weil ähnlich wie bei einem Blitz der heiße Funkenkanal nach jeder Entladung zusammenbricht und einen kleinen Donner erzeugt. Man könnte auch sagen, das Prinzip des Plasmahochtöners aus Kapitel 3.5.3 kommt hier mit einer 100 % Rechteckmodulation zur Anwendung.

Der Teslatrafo erzeugt bei optimaler Abstimmung und nur 100 W Leistungsaufnahme ca. 10 cm lange Funken, die sogar aus dem Toroid ausbrechen. *Abb. 70* zeigt uns, dass sehr hohe Spannungen auftreten. Denn nur solche können die abschirmende Wirkung der runden Flächen am Toroid überwinden. Die Funken treten an keiner bestimmten Stelle aus, sondern laufen auf der Oberfläche herum. Im Bild ist gut das mehrfache Zünden des Funkens in den parallelen

Kanälen zu erkennen. Wird der Toroid durch einen Ring aus dünnem Draht (1,5 mm² Installationsdraht, 15 cm Durchmesser) ersetzt, so beginnen die Funken entlang der Außenseite überall gleichmäßig zu sprühen. Die Funken können an dem geringen Durchmesser viel früher zünden als am Toroid. Die Energie wird nicht in einem langen Funkenkanal, sondern in vielen kleinen verbraucht. Es entsteht die klassische Korona, wie in *Abb. 71* (s. Farbteil) dargestellt. Diese Funken erzeugen sehr große Mengen an Ozon. Auf eine ausreichende Raumbelüftung ist zu achten.

Bei diesem Versuch macht sich aufgrund der Größe des Rings die Kapazitätserhöhung bemerkbar. Für eine optimale Funkenlänge muss die Primärkapazität erhöht werden.

Die Funken dieses Teslatrafos sind aufgrund ihrer hohen Frequenz in der Lage, einen Isolator kapazitiv zu durchdringen. Das wird in *Abb. 72* mit einer 1cm dicken Plexiglasplatte gezeigt. Die Funken fächern sich auf eine große Fläche auf und durchdringen das Material. Auf der gegenüberliegenden Seite bündeln sie sich wieder zur Elektrode hin. Das Plexiglas wird dabei nicht beschädigt. Es wird zwar nach längerem Betrieb warm, trägt aber keine bleibenden Schäden wie etwa Löcher oder Durchschlagsmarken davon.

Die Funken sind bei diesen Leistungen noch relativ harmlos, und so ist es durchaus möglich, wie in *Abb. 73* (s. Farbteil) den Funken mit der Hand und einem Stück Kupferdraht zu lenken. Außer leichten Schlägen beim ersten Zünden des Funkens spürt man nichts. Deshalb sollten Personen mit Herz/Kreislaufproblemen dieses Experiment nicht durchführen. Für solche Spielereien sollte auch immer ein Stück Metall oder ein Fingerhut verwendet werden, da es sonst aufgrund der hohen Temperatur des Funkens zu Verbrennungen kommen kann.

Alle hier dargestellten Bilder sowie Videos zu den Experimenten finden sie im Internet auf der HC&RS Home Labor Page.

HC&RS Home Labor Page:	`http://www.hcrs.htl-hl.ac.at`
Klein Teslatrafo:	`http://www3.htl-hl.ac.at/homepage/hcrs/kleintes.htm`

7 Hochleistungs-Teslatrafo

Für alle erfahrenen Erbauer von Teslatrafos kommt irgendwann der Punkt, an dem man ein Großprojekt in Angriff nimmt, um damit extrem große Funkenlängen zu erreichen. Der hier vorgestellte Hochleistungs-Teslatrafo fällt sicher schon in diesen Bereich, wenn auch eher in den unteren Leistungsbereich.

Abb. 86 zeigt den Autor mit dem großen Teslatrafo während der Entwicklungsphase. Im Hintergrund ist die Drehstrom-Stelleinheit zu sehen, über die der Teslatrafo gespeist wird. So nahe kann man natürlich nicht neben dem Teslatrafo stehen, wenn er in Betrieb ist. Die erreichte Funkenlänge beträgt ca. 60 cm!

Abb. 86: Hochleistungs-Teslatrafo mit Autor

7.1 Funktionsweise eines Teslatrafos

Ein herkömmlicher Trafo nutzt magnetische Prinzipien, um die Spannung zu transformieren. Es wird in der Primärspule elektrische Energie in magnetische umgewandelt. Bei der Rückwandlung in der Sekundärspule wird eine andere

Windungszahl verwendet, wodurch die Transformation zustande kommt. Ein Teslatrafo ist kein Trafo im herkömmlichen Sinn. Er ist ein eisenloser Trafo, womit eine Transformation auf magnetischem Wege unmöglich ist.

Ein Teslatrafo nutzt die Resonanzgesetze aus, um die Spannung zu transformieren. Um dieses Prinzip verstehen zu können, müssen wir uns zunächst mit dem Phänomen der Schwingung näher auseinander setzen. Denn nur in schwingenden Systemen können Resonanzen auftreten. Betrachten wir zunächst einmal den elektrischen Schwingkreis in *Abb. 87*.

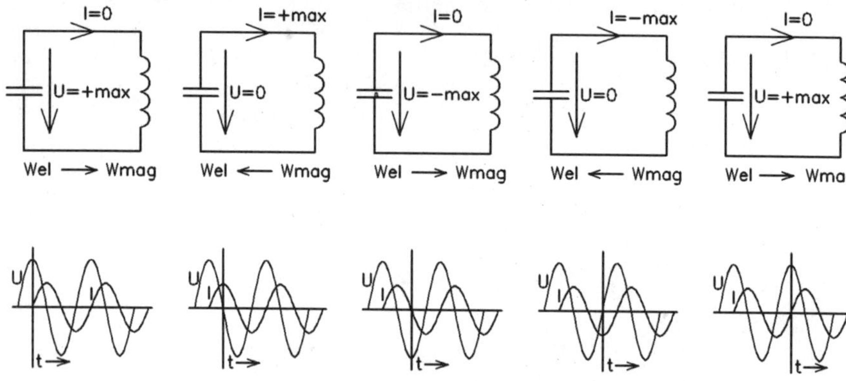

Abb. 87: Elektrischer Schwingkreis

Wie jedes schwingende System bestehet er aus zwei Energiespeichern, zwischen denen die Energie hin- und herpendeln kann. In der Elektrotechnik sind diese beiden Energiespeicher eben ein Kondensator und eine Induktivität. Wesentlich ist, das zwei verschiedenartige Energiespeicher verwendet werden. Der Kondensator speichert Energie in Form von Spannung, die Induktivität in Form von Strom. Mit zwei Kondensatoren als Energiespeicher ist es z.B. nicht möglich, eine Schwingung zu erzeugen. Die notwendige Phasenverschiebung von Strom und Spannung kann so nicht aufrecht erhalten werden. Das führt beim Laden eines Kondensators aus einem anderen dazu, dass die halbe Energie verloren geht.

Doch nun zurück zum Schwingkreis in *Abb. 87*. Nehmen wir zunächst an, der Kondensator sei vor dem Zusammenschalten mit der Induktivität aufgeladen. Wird er mit der ungeladenen Induktivität verbunden, so beginnt ein Strom zu fließen. Elektrische Energie wird in magnetische umgewandelt, die Induktivität also aufgeladen. Sie erreicht ihren größten Energieinhalt, wenn am Kondensator keine Spannung mehr auftritt, er also leer ist. Die Induktivität versucht jetzt, den Strom und ebenfalls die Stromrichtung aufrechtzuerhalten. Der in gleicher

Richtung durch den Kondensator fließende Strom hat zur Folge, dass er sich jetzt mit umgekehrter Polarität auflädt. Magnetische Energie wird in elektrische umgewandelt. Das geht solange, bis die Induktivität keine Energie mehr besitzt und der Strom Null wird.

Jetzt beginnt der ganze Vorgang mit umgekehrter Polarität nochmals. Danach ist der Ausgangszustand erreicht und alles beginnt von Neuem. Die Geschwindigkeit des Ausgleichs ist von der Größe der beiden Bauteile abhängig und kann nach Formel 9 berechnet werden.

Aus diesem Verhalten lassen sich zwei interessante Erkenntnisse ziehen. Zum einen tritt eine unerwartete Umpolung während der Schwingung auf. Der allgemein als Hin- und Herpendeln bezeichnete Vorgang findet in Wirklichkeit also mit positiven und negativen Vorzeichen statt. Doch das sei nur so nebenbei erwähnt.

Die für die Funktion des Teslatrafos wichtige Erkenntnis ist, dass nach einem Viertel der Schwingungsdauer ein Bauteil seine gesamte Energie an das andere abgegeben hat. Es ist nicht etwa so, dass ein kleiner Rest zurückbleibt, denn dann würde die Schwingung schnell zum Erliegen kommen. In dem Augenblick, wo die Induktivität den maximalen Strom führt, ist die Spannung am Kondensator genau Null Volt und umgekehrt ist im Stromnulldurchgang die Spannung am Kondensator ein Maximum. Der Energieausgleich zwischen den beiden Energiespeichern ist also immer vollständig. Das ist ein nicht unbedingt üblicher Vorgang in der Natur. Denken Sie nur einmal an die Thermodynamik. Dort ist es undenkbar, dass ein kalter Körper einem warmen die gesamte Energie entziehen kann. Dort erreicht man maximal einen Gleichstand beider Energien.

Dieses etwas eigenartige Verhalten eines Schwingkreises kann benutzt werden, um eine Transformation herbeizuführen. Denn was passiert, wenn sich die Größe der Energiespeicher zueinander so verändert wird, dass nach außen die Resonanzfrequenz gleich bleibt. Nehmen wir z.B. an, dass der Kondensator verkleinert und die Induktivität im gleichen Maß vergrößert wird. Die Resonanzfrequenz hat sich nicht verändert, doch die energetischen Verhältnisse im Schwingkreis sind jetzt ganz anders.

Der viel kleinere Kondensator muss jetzt viel mehr Energie aus der größeren Induktivität aufnehmen. Er muss die gesamte Energie der Spule speichern, da die Schwingung das so fordert, wie oben beschreiben. Die einzige Möglichkeit, eine große Energiemenge in einem kleinen Kondensator unterzubringen, ist eine Erhöhung der Spannung. Wie Formel 11 zeigt, kann in einem 12 nF Kondensator bei 10 kV die gleiche Energie gespeichert werden wie in einem 8333 µF Kondensator bei 12 V. So wird eine Erhöhung der Spannung ohne

Verwendung eines Trafos erreicht. Analog dazu kann der Strom erhöht werden, wenn der Kondensator vergrößert und die Induktivität verkleinert wird.

Dieser transformatorische Effekt ohne Trafo kann mit einem kleinen Versuch eindrucksvoll demonstriert werden. *Abb. 88* zeigt die einfache Schaltung dazu.

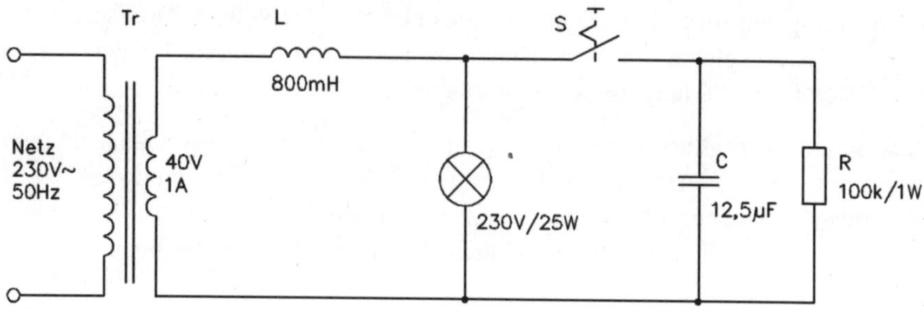

Abb. 88: Schaltung zur Spannungsüberhöhung

Mit einer Vorschaltdrossel einer 58 W Leuchtstoffröhre (0,47 A/ca. 800 mH) und einem Motorkondensator mit 12,5 µF wird ein Schwingkreis gebildet. Eine Glühlampe 230 V/25 W zeigt die Höhe der Spannung am Schwingkreis an. Wenn man die Resonanzfrequenz nach Formel 9 nachrechnet, wird man feststellen, dass sie genau 50 Hz ist. Das ist unsere Netzfrequenz.

Die Schaltung wird über einen externen Trafo mit 40 V versorgt. Vor dem Zuschalten des Kondensators leuchtet die Glühlampe nur sehr schwach und es sieht so aus, als könnte das ohne Zuhilfenahme eines zweiten Trafos, der alles wieder auf 230 V hochspannt, nicht geändert werden.

Wird der Kondensator aber zugeschaltet, leuchtet sie plötzlich fast so hell wie im Normalbetrieb und das mit nur 40 V Eingangsspannung! Eine Messung zeigt uns, dass die Spannung an der Lampe jetzt ca. 200 V beträgt. Der Trafo aber immer noch 40 V liefert.

Diese Art der Transformation ist genau so effektiv wie die magnetische Transformation. Sie findet in der Hochfrequenztechnik häufig Anwendung. Denn dort ist es wirtschaftlicher, mit einem kleinen Kondensator und einer kleinen Spule zu transformieren, als teures Magnetmaterial für die hohen Frequenzen zu verwenden. Trotzdem ist sie bei weitem nicht so bekannt wie das Prinzip des Trafos.

Die Schaltung ist trotz der Versorgung mit Kleinspannung wie eine mit Netzspannung versorgte Schaltung zu behandeln. Im Betrieb treten Spannungen in der Größenordnung der Netzspannung auf. Auf einen ausreichenden Berührungsschutz ist unbedingt zu achten. Der Entladewiderstand R sollte vorgesehen werden, damit nach dem Ausschalten keine Spannung am Kondensator stehen bleibt.

Doch nun zurück zum Aufbau eines Teslatrafos. Die Primär- und Sekundärwicklungen sind Luftspulen und nur lose miteinander gekoppelt. Wichtig beim Teslatrafo ist, dass sowohl die Primär- als auch die Sekundärseite aus je einem L-C Schwingkreis besteht, die beide die gleiche Resonanzfrequenz haben müssen. Nur so ist eine Energieübertragung mit einer losen Kopplung überhaupt erst möglich. Siehe dazu die Simulation des Teslatrafos unter Punkt 7.2.

Die Funktionsweise ist auch sehr von der eines Netztrafos zu unterscheiden. Der wichtigste Teil des Teslatrafos ist die Sekundärwicklung. Diese stellt einen Resonator in Form eines Schwingkreises dar. Daher spricht man oft auch von Teslaresonatoren.

Um die Funktion eines Teslaresonators zu verstehen, betrachten wir zunächst einen Serienschwingkreis. Er besteht aus einer Induktivität und einer Kapazität, die eben in Serie geschaltet sind. Der Widerstand stellt alle vorhandenen Verluste dar.

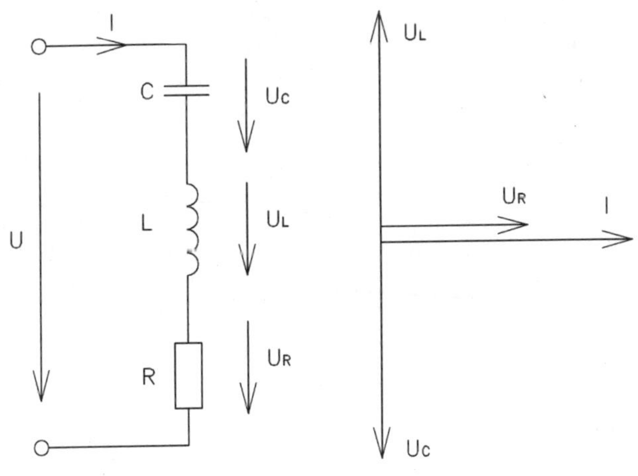

Abb. 89: Spannungen und Ströme am Serienschwingkreis

Im Resonanzfall ist die Vektorsumme aus U_C und U_L gleich Null. U_L ist dem Strom um 90° voreilend, U_C um 90° nacheilend. Die beiden Spannungen stehen somit in Gegenphase und subtrahieren sich bei der Berechnung der Gesamtspannung zu Null. Im Resonanzfall stellt der Schwingkreis nur mehr einen ohmschen Widerstand dar. Das ist gleichzeitig auch der kleinste mögliche Widerstand eines Schwingkreises.

Da sich die beiden Spannungen aufheben, ist es somit auch möglich, das an einem Bauteil des Schwingkreises eine höhere Spannung als die Eingangsspannung U auftritt, ohne dass bei der Spannungsquelle von der hohen Spannung etwas zu merken ist.

Die Größe der Spannungsüberhöhung wird durch die Güte Q des Schwingkreises nach Formel 10 bestimmt. Das R in dieser Formel ist nicht nur der Gleichstromwiderstand, sondern die Summe aller Verlustwiderstände, also der Wechselstromwiderstand. R kann bei einer Spule nur mit Wechselspannung bestimmt werden, da er durch dielektrische Verluste und vor allem durch den Skineffekt mit der Frequenz ansteigt.

Zur Berechnung der Güte wird meist C aus der Schwingungsgleichung ausgedrückt und eingesetzt. Dann ist Q nur über L, f und R zu berechnen.

$$\omega_r = \frac{1}{\sqrt{LC}} \qquad f_r = \frac{1}{2\Pi\sqrt{LC}}$$

Formel 9: Thomsonsche Schwingungsgleichung

$$Q = \frac{U_L}{U} = \frac{U_C}{U} = \frac{U_L}{U_R} = \frac{\omega_r L * I}{R * I} = \frac{\omega_r L}{R}$$

$$Q = \frac{1}{R}\sqrt{\frac{L}{C}} = \frac{1}{R}\sqrt{L\omega_r^2 L} = \frac{\omega_r L}{R}$$

Formel 10: Berechnung der Spannungsüberhöhung und Güte

Dazu ein kleiner Versuch

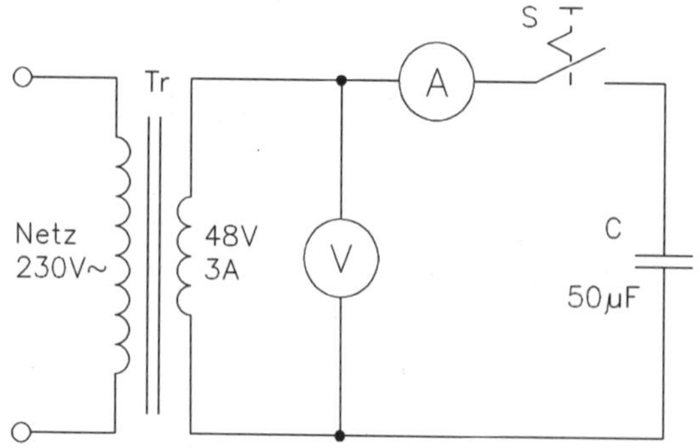

Abb. 90: Spannungsüberhöhung am Trafo

Nach dem gleichen Prinzip funktioniert auch ein auf den ersten Blick etwas seltsamer Effekt. Nimmt man einen Netztrafo 48 V/3 A und schaltet parallel zu seinem Ausgang einen Kondensator z.B. 50 µF (= Motorkondensator, keinen Elko!), dann ist im Belastungsfall eine höhere Spannung am Trafo zu messen, als im Leerlauf an seinen Klemmen zur Verfügung steht. Die Erhöhung ist oft nicht mehr als ein Volt, aber dennoch gut messbar. In *Abb. 90* ist dieser einfache Versuchsaufbau dargestellt.

Es ist verblüffend zu sehen, wie nach dem Schließen des Schalters S Strom durch den Trafo fließt, also der Trafo belastet wird und trotzdem die Spannung ansteigt.

Doch wenn man bedenkt, dass sich mit der Streuinduktivität der Wicklung ein Schwingkreis bildet, ist diese Spannungsüberhöhung leicht zu erklären. Der Grund, warum die Spannung nicht wie bei einem Teslatrafo bis in den kV-Bereich ansteigt, ist die sehr feste Kopplung zwischen den beiden Spulen eines Netztrafos.

Um dieses Experiment erfolgreich durchzuführen, sollte schon ein stärkerer Trafo mit mindestens 100 VA Leistung verwendet werden. Bei kleineren Trafos ist der Innenwiderstand der Wicklung zu groß, und die Ausgangsspannung sinkt durch den Belastungsstrom zu stark ab, um noch eine Überhöhung zu messen. Weiter ist eine hohe Ausgangsspannung von Vorteil, da dann die Kapazität nicht so groß sein muss. Achtung vor aufgeladenen Kondensatoren!

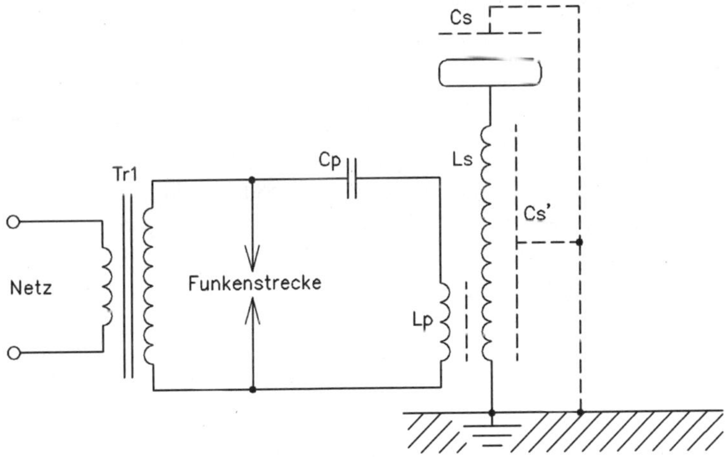

Abb. 91: Prinzip des Teslatrafos

Doch nun zurück zum Teslatrafo. Es ist auf den ersten Blick vielleicht nicht ganz klar, wie so eine Spule einen Schwingkreis bilden kann. Doch es sind nicht immer alle Bauteile wirklich so vorhanden, wie man sie erwartet. Die Spule ist ganz klar zu erkennen, die Kapazität hingegen wird durch die hohe geometrische Bauweise der Spule und durch den Toroid auf deren Spitze gebildet. Sie ist somit nur indirekt eingebaut. In *Abb. 91* sind diese unsichtbaren oder auch parasitären Kapazitäten eingezeichnet.

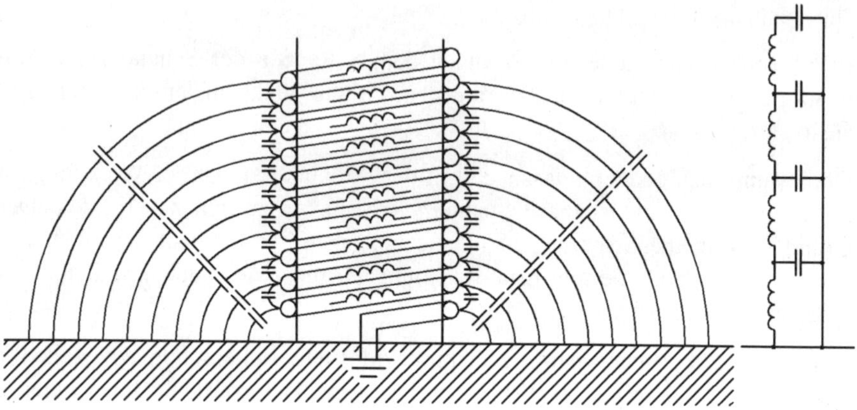

Abb. 92: Verteilte Kapazität

Kapazität ist überall dort vorhanden, wo sich leitende Flächen gegenüberstehen. Wie in Abb. 92 gezeigt, ist das einerseits die große Oberfläche der einlagigen Spule und des Toroids auf der Spitze und andererseits die geerdete Grundfläche auf der die Spule steht. Das die so entstehenden Kapazitäten nicht sehr groß sind, ist klar. Doch ein Teslatrafo wird mit hohen Frequenzen (kHz bis MHz) betrieben. Es sind dann nur mehr sehr kleine Kapazitäten notwendig, um die Spule in Resonanz zu bringen.

Die Kapazität nimmt mit größerem Abstand zwischen den beiden Flächen ab. Mit zunehmender Spulenhöhe werden die Einzelkapazitäten also immer kleiner, während die Induktivität der Spule quadratisch mit der Windungszahl ansteigt. In der Ersatzschaltung der Sekundärspule, die aus vielen LC-Kombinationen besteht, ändern sich die Verhältnisse von L und C also entlang der Höhe, wobei die oberen Schwingkreise eine immer geringere Kapazität aufweisen. Die Transformation der Spannung erfolgt demnach kontinuierliche entlang der Sekundärspule. Mit jeder Windung sinkt C ein wenig, während sich L erhöht. Durch die Resonanzabstimmung des Teslatrafos wird sichergestellt, dass immer die gesamte Energie der Spule in die Kapazität übertragen wird und so immer mehr Energie in einen immer kleineren Kondensator kommt.

An der Spitze hat man dann das Problem, dass die größte Spannung eigentlich am Ende der Sekundärspule auf deren Oberfläche auftritt. Deshalb wird ein Toroid verwendet. Er hat eine viel größere Oberfläche als die oberen Windungen der Spule. Die größte Spannung und somit die Funken treten dann an seiner Oberfläche auf, die sozusagen frei im Raum liegt.

Durch die hohen Frequenzen treten aber auch immer stärker die Welleneigenschaften des Stroms in Erscheinung. Eine hochfrequenztechnische Betrachtung des Resonators sollte deshalb nicht vergessen werden. Der aufgewickelte Draht der Sekundärspule wirkt wie eine Wendelantenne. Oder anders ausgedrückt, ist er eine elektrisch verlängerte Antenne, die nur noch aus der Verlängerungsspule besteht. Siehe dazu auch unter Punkt 3.4. Annähernd entspricht bei so einer Antenne die Länge des aufgewickelten Drahtes einem Viertel der Wellenlänge im Resonanzpunkt. Wird z.B. ein zu dünner Draht verwendet, so ist diese Länge schon unterhalb der Spitze erreicht. Nach der Antennentheorie tritt bei 1/4 der Wellenlänge der erste Spannungsbauch auf. Dann kann es im Extremfall sogar vorkommen, dass die Funken nicht an der Spitze, sondern schon weiter unterhalb aus der Spule austreten. Die Abstimmung mit der Größe des Toroids hat so zu erfolgen, dass der Spanunngsbauch genau an der Spitze auftritt.

Um nun diesen Resonator zu erregen, muss eine Schwingung mit der richtigen Frequenz erzeugt werden. Das kann durch einen Röhrengenerator erfolgen, wie das beim Mini-Teslatrafo gezeigt wurde. Doch für so große Leistungen ist das sehr aufwendig. Die damit erreichte Funkenlänge würde dem Aufwand wahrscheinlich nicht gerecht werden. Ein HF-Generator mit der guten alten Funkenstrecke ist genau das Richtige für so einen großen Teslatrafo.

Das Prinzip ist denkbar einfach und ebenfalls in *Abb. 91* dargestellt. Der Kondensator Cp wird über den Hochspannungstrafo Tr1 aufgeladen. Es muss auch im Erregerkreis schon Hochspannung verwendet werden, da sonst nicht genügend Energie im Kondensator gespeichert werden kann. Das wird besser aus dem kleinen Rechenbeispiel in Formel 11 ersichtlich.

$$W = \frac{C * U^2}{2} = \frac{12nF * (10kV)^2}{2} = 0{,}6Ws$$

Für einen 12V-Kondensator:

$$C = \frac{2 * W}{U^2} = \frac{2 * 0{,}6Ws}{(12V)^2} = 8333\mu F$$

Für 1kg Gewicht:

$$h = \frac{W}{m * g} = \frac{0{,}6Nm}{1kg * 9{,}81 m/s^2} = 6{,}1cm$$

Formel 11: Energie im Kondensator

Der 12 nF Kondensator für den Teslatrafo speichert demnach bei 10 kV die selbe Energie, wie ein 8333 µF Kondensator bei 12 V speichern kann. Wer schon einmal einen Ladeelko eines Netzteiles kurzgeschlossen hat wird wissen, wieviel Energie das in etwa ist. Mit dieser Energiemenge könnte man eine Masse von 1 kg, aber nur 6,1 cm hoch heben.

Stellt sich die Frage, was gefährlicher ist. Wenn einem ein 1 kg Gewicht von 6 cm Höhe auf die Finger fällt, oder wenn einem ein 10 kV Schlag aus einem Kondensator trifft? (Bitte probieren Sie letzteres nicht aus!)

Ist der Kondensator weit genug geladen und die Durchbruchspannung der Funkenstrecke erreicht, so zündet sie und schließt somit den Stromkreis kurz. In dieser Zeit bildet sich aus Cp und Lp ein Schwingkreis, der mit seiner Eigenfrequenz schwingt. Das ist insoweit auch die erzeugte Frequenz, die ebenfalls über Lp in die Sekundärspule eingekoppelt wird. Die Schwingung klingt dann durch die Belastung ab. Der genaue Schwingungsverlauf ist etwas komplizierter als eine gedämpfte Schwingung, da die Energie auch zwischen den beiden Schwingkreisen mit einer niedrigeren Frequenz hin- und herpendelt. Um das ersichtlich zu machen, folgt jetzt eine Simulation von so einer Spulenanordnung.

7.2 Schaltungssimulation

Die Schaltung in *Abb. 93* wurde in PSpice Version 6.3 unter Windows 95 simuliert. Die Simulation beschreibt zwei lose aneinander gekoppelte Schwingkreise, wie es auch beim Teslatrafo der Fall ist. Die Werte der Bauteile sind so gewählt, wie sie an dem Teslatrafo gemessen wurden. C2 wurde etwas abgeändert, um die optimale Resonanz einzustellen.

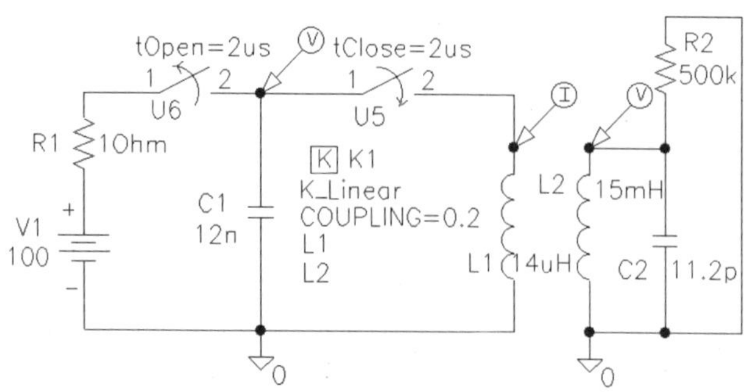

Abb. 93: Simulation eines Teslatrafos

Der Kondensator C1 wird nach dem Start der Simulation einmal 2 µs lang von der Spannungsquelle V1 und über den Widerstand R1 aufgeladen. Nach 2 µs kann man von 100 V am Kondensator ausgehen. Dann öffnet der Schalter U6, und U5 schließt gleichzeitig den Primärschwingkreis durch Parallelschalten von C1 mit L1. Das kommt dem Zünden der Funkenstrecke beim Teslatrafo gleich. Der Schalter bleibt bis zum Ende der Simulation geschlossen. Es soll hier nur der Schwingungsverlauf bei gezündeter Funkenstrecke simuliert werden.

Die Schwingkreise werden also sich selbst überlassen und ihre Schwingungen klingen durch die Belastung ab. Die Belastung des Trafos durch den Funken wird hier mit R2 simuliert.

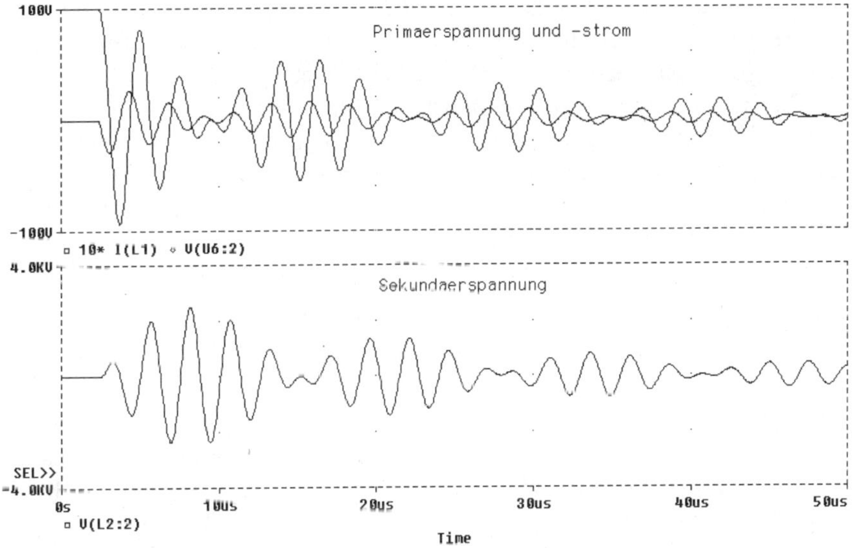

Abb. 94: Simulationsergebnis

In Wirklichkeit ist die Ersatzschaltung der Sekundärseite durch die verteilte Kapazität der Spule komplizierter. Sie müsste mit einem T-Glied bestehend aus L und C simuliert werden.

Für diese Betrachtung ist es aber nur wichtig, dass ein belasteter Schwingkreis an den Erregerkreis lose gekoppelt ist.

Im Ergebnis der Simulation unter *Abb. 94* ist im oberen Diagramm zunächst einmal die Primärseite dargestellt. Es ist die für einen Schwingkreis charakteristische 90° Phasenverschiebung zwischen Spannung und Strom gut zu erkennen. Der Strom wurde mit 10 multipliziert, um einen besseren Vergleich mit der Spannung zu ermöglichen. Die Stromskala ist deshalb von –10 bis + 10 A! Im unteren Diagramm ist die Spannung am Sekundärkondensator C2 dargestellt. Sie erreicht sehr hohe Werte, wie es ja auch sein soll. Neben dem gedämpften Verlauf der Schwingung, der hauptsächlich durch die Last R2 entsteht, ist schön das Pendeln der Energie von Primär- zu Sekundärkreis zu sehen. Dieses entsteht durch die relativ lose Kopplung der beiden Spulen. Dadurch kann in einer Periode der Primärschwingung nur ein kleiner Teil der Energie in den Sekundärkreis übertragen werden. Es werden somit mehrere Schwingungen benötigt, um die gesamte Energie aus dem Primärkreis in den Sekundärkreis zu übertragen.

Da die Spannung an einem Kondensator ein Maß für seine gespeicherte Energie ist (siehe Rechenbeispiel unter Formel 11), kann man aus den Diagrammen schön erkennen, wie die Energie von der Primär- zur Sekundärspule und dann auch wieder zurück schwingt. Auch hierbei tritt eine 90° Phasenverschiebung auf. Bei etwa 9 µs ist die Energie im Sekundärkreis, bei etwa 15 µs ist sie wieder im Primärkreis. Eine Schwingung muss nicht immer in einem LC-Kreis auftreten. Für eine Schwingung werden nur zwei Energiespeicher benötigt, zwischen denen die Energie hin- und herpendeln kann. In diesem Fall sind die Energiespeicher eben <u>zwei</u> Schwingkreise, die Energie in Form einer Schwingung speichern. Man könnte auch sagen, sie sind Energiespeicher für Wechselspannung.

Eine interessante Parallele dazu gibt es in der Mechanik. Wenn zwei gleich lange Pendel an einem gespannten Seil aufgehängt werden, liegt ein ähnlicher Fall vor. Wird ein Pendel angestoßen, so überträgt sich die Energie allmählich auf das andere, bis es schließlich vollständig zum Stillstand kommt. Die gesamte Energie ist in das andere Pendel übertragen worden und dann geht der Vorgang in umgekehrter Richtung weiter. Werden zwei unterschiedlich schwere Pendel verwendet, so lässt sich zusätzlich noch eine Transformation der Amplitude beobachten. Mit unterschiedlich langen Pendeln funktioniert die Energieübertragung nicht und es schwingt nur das angestoßene Pendel.

Wesentlich ist, dass diese Ausgleichsschwingung eine viel niedrigere Frequenz (= Einhüllende der Hauptschwingung) hat als die Resonanzfrequenz beider Spulen. Sonst könnte der Schwingkreis nicht als Energiespeicherung arbeiten. Die Frequenz wird im wesentlichen durch den Koppelfaktor bestimmt. Eine schwächere Kopplung erzeugt ein langsameres Pendeln der Energie. Bei einem größeren Koppelfaktor wird die Energie schneller übertragen, was auch ein schnelleres Pendeln erzeugt.

Es wird jetzt auch verständlich, warum ein kleiner Koppelfaktor nicht unbedingt eine schlechte Energieübertragung mit sich bringen muss. Denn wenn wie hier, Erreger- und Lastkreis je ein Schwingkreis mit der gleichen Resonanzfrequenz ist, kann auch bei kleinem Koppelfaktor die Energie effizient übertragen werden. Es werden dann nur mehr Schwingungen benötigt. Aber zusätzliche Verluste gibt es, abgesehen von denen in den Schwingkreisen selbst, keine durch einen kleinen Koppelfaktor.

Aus diesem etwas ungewöhnlichen Verhalten des Teslatrafos kann man sich auch leicht überlegen, wann die Funkenstrecke löschen muss. Es ist ja erwünscht, möglichst viel Energie in die Sekundärspule zu übertragen. Da die Energie aber dauernd zwischen Primär- und Sekundärkreis hin- und herpendelt, ist der Löschzeitpunkt von entscheidender Bedeutung.

Ideal ist ein Löschen nach dem ersten Schwingungspaket. Denn dann ist die ganze Energie im Sekundärkreis. Das sieht man einerseits an der hohen Spannung an C2 (= viel Energie) und andererseits an der kleinen Spannung an C1 (= wenig Energie). Ein Löschen wäre auch nach dem zweiten oder dritten Schwingungspaket möglich, doch dann ist schon ein Teil der Energie durch Verluste in den Schwingkreisen bzw. in der Funkenstrecke verlorengegangen. All diese Verluste werden hier nur durch R2 simuliert.

Nach dem Löschen der Funkenstrecke kann keine weitere Schwingung mehr stattfinden und die Energie im Primärkreis bleibt ungenutzt. Da eine Funkenstrecke meist dann löscht, wenn sie einen kleinen Strom führt, ist die Pendelschwingung hilfreich. Im Idealfall löscht die Funkenstrecke genau nach dem ersten Schwingungspaket, da nach diesem für mehrere Perioden ein Stromminimum auftritt. In dieser Zeit muss der Funken soweit auskühlen, dass er löscht. Die steilen Flanken im ersten Schwingungspaket verhindern, dass er schon zu früh löscht.

Ist der Koppelfaktor zu hoch, gibt es keine ausgeprägte Lücke mehr im Stromverlauf und die Funkenstrecke löscht in irgendeinem Stromnulldurchgang. Wegen der 90° Phasenverschiebung zwischen Strom und Spannung bleibt dann sehr viel Energie im Kondensator zurück. Dieser muss vom Netztrafo nicht mehr so weit aufgeladen werden, wodurch die aufgenommene Leistung natürlich sinkt.

7.3 Aufbau – Die Komponenten

Bevor sie sich für den Nachbau entschließen, noch ein paar Worte der Warnung:

- Mit einem Teslatrafo können extrem hohe Spannungen erzeugt werden. Das ist besonders dann der Fall, wenn er wie hier mit kurzen Impulsen betrieben wird. Bei so einem großen Teslatrafo ist es nicht mehr möglich, mit den

Funken herumzuspielen, wie es beim Mini-Teslatrafo getan wird. Eine Berührung mit dem Funken oder auch nur einer Teilentladung davon kann lebensgefährlich sein!

- Durch die leistungsstarken Entladungen werden Stickoxide in der Luft erzeugt. Auf eine ausreichende Belüftung des Raumes ist zu achten.
- Durch die heißen Funken besteht natürlich eine extreme Brandgefahr. Alle brennbaren Stoffe im Bereich des Teslatrafos sind zu entfernen.
- In der Ansteuerung des Teslatrafos wird Hochspannung in Verbindung mit Kondensatoren verwendet. Eine Berührung eines aufgeladenen Kondensators oder eines spannungsführenden Teiles kann lebensgefährlich sein!
- Ein Teslatrafo erzeugt zusätzlich zu den hohen Spannungen auch noch hohe Frequenzen. Die abgegebene HF-Leistung darf nicht unterschätzt werden. Diese kann sich in die Zuleitungen einkoppeln und so auch zu dem weit entfernt stehenden Bediener gelangen.
- Beim Bau des Teslatrafos muss auf die korrekte Isolation der Hochspannung und auf die richtige Abschirmung der HF geachtet werden. Mit dem Nachbau sollten nur jene beginnen, die schon Erfahrung auf diesen beiden Gebieten gesammelt haben.

7.3.1 Sekundärspule

Die Sekundärspule ist der Bauteil, der aus Hochfrequenz jene spektakulären Entladungen werden lässt, die einen Teslatrafo charakterisieren. Sie sollte deshalb auch dementsprechend sorgfältig gefertigt werden.

Die Spule wird auf ein sauberes und unbeschädigtes PVC-Kanalrohr einlagig gewickelt. Es sollte vorher mit Azeton, auch innen, gereinigt und wenn nötig ausgetrocknet werden. Der Draht soll sich nicht überschlagen und gleichmäßig eng aneinanderliegen. Es gibt mehrere Möglichkeiten, die Spule zu wickeln. Eine Drehbank, die das Rohr spannen kann, wird nicht immer zur Verfügung stehen. Es ist zu empfehlen, sich ein Holzgestell zu bauen und das Rohr mit einer Kurbel zu drehen. Die einfachste Lösung ist aber immer noch, den Draht einfach per Hand aufzuwickeln.

Ist die Spule fertig gewickelt, so wird sie mit Epoxyharz versiegelt. Das bringt eine höhere mechanische Stabilität, verhindert Überschläge und das Eindringen von Feuchtigkeit.

Abb. 95: Die Sekundärspule des Teslatrafos mit Toroid

Im ganzen Rohr dürfen keine Löcher gebohrt werden, da durch diese Funken in das Innere der Spule überschlagen können. Das ist besonders dann wichtig, wenn die Funkenlänge größer sein soll als die Spulenhöhe. Den Drahtanfang lötet man auf ein Stück Kupferblech und klebt dieses dann außen auf das Rohr. Über einen Federkontakt lässt sich so eine saubere Masseverbindung herstellen.

Auf der Oberseite wird ein Deckel aus PVC in das Rohr eingeklebt, so dass er flach mit dem Rohr abschließt. Das Drahtende führt man über diesen Deckel bis zur Mitte und klebt dann einen zweiten Deckel mit einem Loch in der Mitte darüber. Diese Verlegung am Spulenende ist nur dann zulässig, wenn ein Toroid verwendet wird. Er schirmt nämlich die Koronaentladungen an der Spitze der Spule ab. Ist dieser nicht vorhanden oder zu klein, dann entsteht an der Ecke des Drahtes, der ins Innere führt, eine Sprühentladung, und es kommt dort zu Überschlägen. Deshalb ist auch die Höhe des Toroids über der Spule in Tabelle 23 angegeben. Diese sollte für einen ähnlich großen Toroid nicht wesentlich überschritten werden. Hier musste der Isolator sogar gekürzt werden, da der beschriebene Effekt auftrat.

Der Toroid selbst sollte keine scharfen Kanten besitzen. Am besten ist eine Ausführung aus Kupfer- oder Aluminiumblech. Da so etwas aber schwer zu beschaffen ist, kann man auch einen Styroporkern von einem Adventkranz verwenden und diesen streifenweise mit selbstklebender Kupferfolie überwickeln. Auch ein Aluflex-Schlauch, wie er oft in Lüftungsanlagen verwendet wird, stellt einen guten Toroid dar, wenn er zu einem Kreis gebogen wird. Die vielen kleinen Rippen stören in diesem Fall nicht, da sie so eng aneinanderliegen, dass sie sich gegenseitig abschirmen.

Tabelle 23: Daten der Sekundärspule

Wicklung:	680 Wdg. mit 0,85 mm dicken Kupfer-Lackdraht (doppelt gelackt)
Spulendurchmesser:	16 cm (Standard Abflussrohr)
Spulenhöhe:	Gesamtlänge 58 cm Bewickelte Länge 56,5 cm
Toroid:	Durchmesser: 30 cm Dicke: 8 cm
Isolatorhöhe:	Von der letzen Windung bis zur Toroid- Unterkante: 7 cm
Induktivität:	15 mH gemessen bei 1 kHz
GS-Widerstand:	11 Ohm

7.3.2 Primärspule

Für die Primärspule sollte ein möglichst dicker Draht oder sogar ein Kupferrohr verwendet werden. Es ist bei HF nämlich gleichgültig, wie es im Inneren eines Leiters aussieht, da der Skineffekt den Strom ja ohnehin nur in die oberste Schicht des Leiters drängt. Eine größere Oberfläche sorgt hier für einen niedrigeren Widerstand.

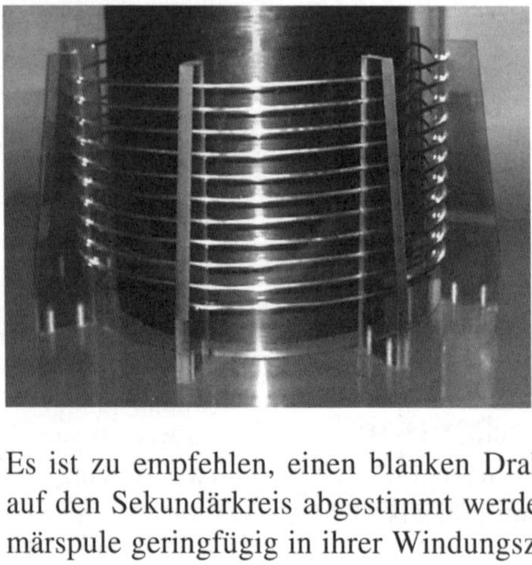

Abb. 96: Die Primärspule des Teslatrafos

Es ist zu empfehlen, einen blanken Draht zu verwenden. Da der Primärkreis auf den Sekundärkreis abgestimmt werden muss, ist es oft notwendig, die Primärspule geringfügig in ihrer Windungszahl zu verändern. Das geht am besten mit einer Klemme, über die an den blanken Leiter die Zuleitung befestigt wird. Durch einfaches Verschieben der Zuleitung ist dann eine genaue Abstimmung möglich. Durch Beibehalten der Windungszahl und durch Verschieben des wirksamen Teils der Spule kann auch die Kopplung in geringem Maße geändert werden. Das für eine blanke Wicklung auch ein Abstandhalter verwendet werden muss, lässt sich leider nicht vermeiden.

Für die ersten Versuche ist sowieso zu empfehlen, die Primärspule nicht fix aufzubauen. Denn über die Höhe der Primärspule wird die Kopplung an die Sekundärspule reguliert. Man wird dann rasch feststellen, dass eine größere Höhe längere Funken bringt. Ab einer gewissen Höhe kommt es dann zu Überschlägen auf die Sekundärspule. Dann muss die Spule auf einen größeren Durchmesser gewickelt werden. Es kann auch wie hier ein zweites Abschirmrohr verwendet werden. Es wurde wegen der Optik ein Plexiglasrohr verwendet. Es ist im Bild nur ganz leicht zu erkennen. Als billigere Variante ist aber sicher auch hierfür ein Kanalrohr zu verwenden. Es reicht bis zum oberen Spulenende und verhindert somit Überschläge aus der Primärspule. Allzu große Isolation darf man sich aber von so einem Rohr nicht erwarten. Wenn ohne Rohr schon kräftige Funken überspringen, wird es das nicht verhindern können. Es kann nur als zusätzlicher Schutz dienen. Wie beim Klein-Teslatrafo in Abb. 72 gezeigt wurde, durchdringen die HF-Ströme mühelos Isolatoren, leider auch dieses Schutzrohr.

Eine andere Möglichkeit ist, eine weitere Windung oberhalb der Primärspule anzubringen und zu erden. Die Funken schlagen dann vorzüglich in diesen Abschirmring und nicht in die Spule ein. Sie sollten aber auch nicht von der Sekundärspule ausgehen, sondern nur vom Toroid. Sonst wird der Lack der Spule beschädigt.

Bei vielen Teslatrafos werden oft Flachspulen am Fuß der Sekundärspule angebracht, um Überschläge zu vermeiden. Mit solchen konnten bei diesem Teslatrafo keine vernünftigen Funkenlängen erreicht werden. Ein Kompromiss wäre, eine sich schräg nach oben aufweitende Spule zu verwenden.

Tabelle 24: Daten der Primärspule

Wicklung:	8 Wdg. mit 4 mm² blanken Kupferdraht
Durchmesser:	Außendurchmesser des Abschirmrohres: 20 cm
Spulenhöhe:	Letzte Windung 13 cm über Grundplatte
Windungsabstand:	Von Leitermitte zu Leitermitte 10mm
Induktivität:	Ca. 15 μH gemessen bei 1 kHz

7.3.3 Versorgungstrafos

Für die Versorgung des Teslatrafo werden zwei der in *Abb. 97* dargestellten Neontrafos parallel geschaltet. Neontrafos sind sogenannte Streufeldtransformatoren. Das heißt, dass sich ein Teil der Feldlinien von der Primärspule nicht über die Sekundärspule schließen kann. Meistens werden diese Trafos als Schenkeltrafos (auf jeder Säule je eine Sekundär- und Primärspule) ausgeführt.

Das Streufeld kann dann leicht durch einen beweglichen Eisenkern erzeugt werden, der zwischen die beiden Säulen geschoben wird. Bei älteren Modellen werden oft auch Trafobleche an die Säulen gelegt und mit einem Holz verschraubt. Sie sind dann gut versteckt und man denkt zuerst gar nicht an einen Streufeldtrafo.

Das Streufeld hat eine höhere Streureaktanz zur Folge, was wiederum den Kurzschlussstrom verringert. Für Neonlampen ist eine Strombegrenzung notwendig. Für einen Teslatrafo kann man nie genug Strom haben. Deshalb ist es besser, all diese Einstellelemente aus dem Trafo auszubauen. Im Bild ist deshalb ein Freiraum zwischen den Primär- und Sekundärspulen zu sehen. Dort war vorher ein bewegliches Eisenstück und ein Einstellknopf untergebracht.

Durch diesen Umbau gewinnt man einiges an Leistung. Es gibt auch Modelle, die komplett vergossen sind. Dann weiß man leider nie, wie viel Feld ungenützt an den Sekundärspulen vorbeigeleitet wird.

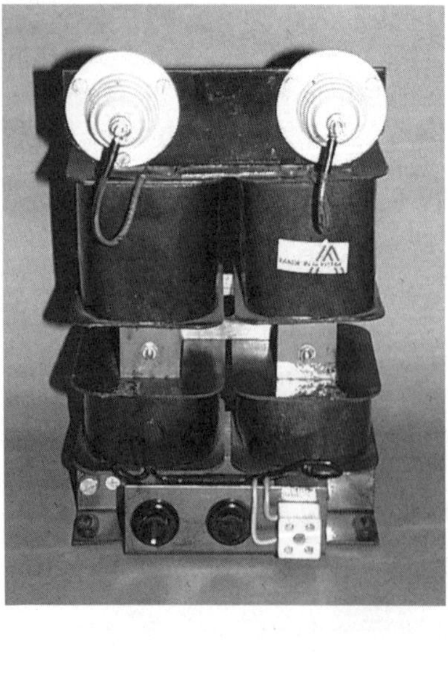

Abb. 97: 7 kV/350 W Neon-Trafo

Die neuesten Modelle sind oft schon elektronische Trafos mit einem Schaltregler. Diese sind nicht für Teslatrafos geeignet, da sie nach dem Zünden der Neon-Röhre die Hochspannung abschalten. Eine empfindliche Elektronik wird sich sowieso nicht mit den Extrembelastungen anfreunden können.

Bei allen Hochspannungstrafos muss immer ein Wicklungsende geerdet sein. Bei Neontrafos sind wegen des geringeren Isolationsaufwand beide Sekundärspulen geerdet, deshalb auch die Doppel-Spannungsangabe. Zwischen beiden Spulen steht somit auch die doppelte Spannung zur Verfügung.

Tabelle 25: Daten eines Versorgungstrafos

Nennleistung:	350 Watt
Nennspannung:	7 kV (2 x 3,5 kV)
Nennstrom:	50 mA
Kurzschlussstrom:	150 mA

7.3.4 Funkenstrecke

Für erste Versuche reichen natürlich auch schon zwei Spitzen, die sich gegenüberstehen. Aber auch hier gibt es einige Verbesserungsmöglichkeiten. Ein einzelner Funke brennt sehr heiß und laut. Je heißer er ist, um so länger hält er auch an.

Abb. 98: Metall- und Isolierringe der Funkenstrecke

Abb. 99: Funkenstrecke im zusammengebauten Zustand

Abb. 100: Kupfer- und Isolierringe zusammengelegt

Dadurch treten zu viele Pendelschwingungen auf, und es geht Energie verloren. Weiter wird der Trafo lange Zeit kurzgeschlossen und viel Leistung im Funken umgesetzt. Eine einfache Möglichkeit, die Brennzeit zu verkürzen, ist die, den Funken durch Pressluft wegzublasen. Auch ein Ventilator kann schon eine Verbesserung bringen. Doch die beste und einfachste Lösung ist sicher die Löschfunkenstrecke.

Aus der Schnittzeichnung in *Abb. 84* geht hervor, dass sie aus abwechselnd geschichteten Metall- und Isolierringen besteht. Die Einstellung des Abstands zwischen den Leitflächen sollte so erfolgen, dass die Funkenstrecke immer nach der ersten Pendelschwingung löscht, wie es schon bei der Simulation des Teslatrafos unter Punkt 7.2 erläutert wurde. Bei einem zu großen Abstand ist der Funken zu heiß und die Ionisation hält zu lange an. Bei einem kleineren Abstand entziehen ihm die Metallplatten die Wärmeenergie, wodurch er schneller abreißen kann. Durch die Aufteilung der Funkenlänge auf viele kleine Teile kann der Einzelfunken also schneller abkühlen.

Durch solche Funkenstrecken sind viel höhere Pulsraten möglich als mit einem einzelnen Funken.

Die hier abgebildete Funkenstrecke stammt aus einem 20 kV Überspannungsableiter. Sie ist einigermaßen massiv aufgebaut und hält auch längeren Belastungen stand.

Tabelle 26: Daten der Funkenstrecke

Platten:	Geformte Kupferscheiben aus 0,5mm Blech mit 70 mm Durchmesser
Plattenzahl:	7
Isolierabstand:	0,5 mm zwischen je zwei Platten durch Hartpapier
Gesamtfunkenlänge:	3,5 mm

7.3.5 Kondensator

Der Schwingkreis-Kondensator ist sicher das am stärksten belastete Bauelement in dieser Anordnung. Er wird bis auf über 7 kV aufgeladen und muss dann diese Energie in einen Schwingkreis abgeben, wodurch eine noch höhere Spannung an ihm auftritt. Solche Kondensatoren sind sehr schwer zu beschaffen. Man kann nur versuchen, sie aus alten Sendern, wie z.B. Kunststoffschweißgeräten, HF-Haartrockner oder Diathermiegeräten, auszubauen. Neue Kondensatoren bedeuten eine größere Geldausgabe. Es kommen nur Kondensatoren mit einer hohen Blindleistung in Frage. Glättungskondensatoren, wie die meisten Durchführungskondensatoren, sind hier vollkommen ungeeignet.

Es ist weiter sinnvoll, mehrere kleinere Kondensatoren in Serie, und diese Gruppen dann parallel zu schalten. Das verringert die Einzelbelastungen und bietet mehr Abstimmungsmöglichkeiten. Zu beachten ist, dass man durch die Serienschaltung Kapazität verliert und mehr Kondensatoren benötigt.

Tabelle 27: Daten des Kondensators

Kapazität:	12 nF
Nennspannung:	25 kV Gleichspannung
Typ:	Ölgefüllter Metall-Papier Kondensator

Abb. 101: 12 nF/40 kV Kondensator

Kann überhaupt nichts derartiges aufgetrieben werden, so ist es auch möglich, die Kondensatoren selbst anzufertigen. Als Dielektrikum sollten Kunststoffe, wie z.B. PE oder PVC, verwendet werden. Man könnte einfach ein Kunststoffrohr nehmen, dass man innen und außen leitend beschichtet. Auf einen Schutzabstand am Rand ist natürlich zu achten. Leitende Platten, die abwechselnd mit dem Isolierstoff verschachtelt werden, bringen eine geringe Baugröße, da immer beide Seiten einer Platte ausgenutzt werden.

Die nötige Fläche für so einen Plattenkondensator kann nach Formel 13 berechnet werden. Es wird angenommen, dass ein Kondensator mit einer 1 mm dicken PE-Folie aufgebaut wird. Das ist schon sehr dünn, und es ist zu empfehlen, zwei solcher Kondensatoren in Serie zu schalten, um die Spannungsfestigkeit zu erhöhen. Man erhält eine nötige Plattenfläche von ca. 0,6 m². Es können z.B. sieben Platten zu je 0,1 m² verwendet werden. Die beiden äußeren Platten im Paket bleiben ungenutzt, weshalb sieben verwendet werden müssen. Zwischen den Platten liegt die PE-Folie, die natürlich größer zugeschnitten werden muss, um Überschläge zu vermeiden. Jede zweite Platten ist mit dem Pluspol verbunden, die anderen mit dem Minuspol. Dieser Aufbau ist in *Abb. 102* dargestellt.

Zur Orientierung ist in Tabelle 28 das ε_r für verschiedene Isoliermaterialien angegeben. ε ist die Permittivitätszahl oder Dielektrizitätskonstante. Sie setzt sich aus ε_0 und ε_r zusammen. ε_0 ist die elektrische Feldkonstante im Vakuum und errechnet sich aus der Lichtgeschwindigkeit nach Formel 12. ε_r gibt an, um wie viel ein Isolator die Kapazität eines Vakuumkondensators erhöht.

Interessant ist Wasser, das die größte Permittivität besitzt. Es muss natürlich komplett entsalzt sein und darf auch sonst keine Verunreinigungen enthalten.

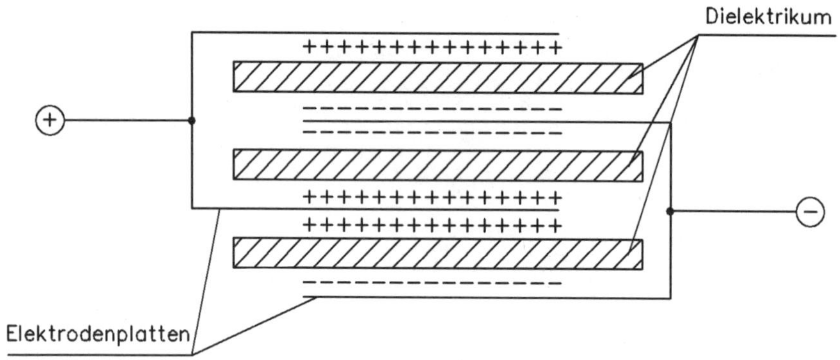

Abb. 102: Aufbau eines Plattenkondensators

Die Glasflaschenkondensatoren, die man manchmal bei Teslatrafos sieht, verwenden aber nicht Wasser als Dielektrikum, sondern Glas. Das Salzwasser in den Flaschen dient nur als leitende Elektrode im Flascheninneren. Diese Kondensatoren werden deshalb auch Salzwasserkondensatoren genannt. Die Gegenelektrode ist eine Metallfolie, die außen über die Flaschen gewickelt wird.

Tabelle 28: Permittivitäten bei 20°C

Isolierstoff	***Relative Permittivität***
Glas	5...12
Glimmer	5...8
Hartpapier	5
Papier in Öl	4,3
Luft	1,0006
Vakuum	1
Acrylglas (Plexiglas)	3,0
PE (Polyäthylen)	2,3
PP (Polypropylen)	2,3
PS (Polystyrol)	2,5
PTFE (Polytetrafluoräthylen)	2,1
PVC (Polyvinylchlorid)	3...4
Trafoöl	2,3
Wasser, reinst	80,8

$$c^2 = \frac{1}{\varepsilon_0 * \mu_0} \Rightarrow \varepsilon_0 = \frac{1}{c^2 * \mu_0}$$

$$\varepsilon_0 = \frac{1}{(299792458 \, \frac{m}{s})^2 * 4 * \pi * 10^{-7} \, \frac{Vs}{Am}} = 8{,}8542 * 10^{-12} \, \frac{As}{Vm}$$

ε_0....**Elektrische Feldkonstante in** $\frac{As}{Vm}$

μ_0...**Magnetische Feldkonstante in** $\frac{Vs}{Am}$

c....Lichtgeschwindigkeit in $\frac{m}{s}$

Formel 12: Berechnung der elektrischen Feldkonstante

$$C = \frac{Q}{U} = \frac{\varepsilon_0 * \varepsilon_r * A}{l}$$

Für 12 nF und 1 mm dickes PE ergibt sich für die Fläche:

$$A = \frac{C * l}{\varepsilon_0 * \varepsilon_r} = \frac{12 * 10^{-9} \, \frac{As}{V} * 10^{-3} \, m}{8{,}8542 * 10^{-12} \, \frac{As}{Vm} * 2{,}3} = \underline{\underline{0{,}59 \, m^2}}$$

Für n Platten mit der Fläche A errechnet sich die Kapazität nach

$$C = (n-1) * \frac{\varepsilon_0 * \varepsilon_r * A}{l}$$

C....Kapazität in F $= \frac{As}{V}$

A....Plattenfläche in m^2

l.....Plattenabstand in m

Formel 13: Berechnung der Fläche eines Plattenkondensators

7.4 Schaltungsbeschreibung

Die Schaltung in *Abb. 103* weicht nicht wesentlich von der Prinzipschaltung ab. Wie oben erwähnt, werden zwei Neontrafos parallel geschaltet, um eine höhere Leistung zu erreichen. Auf der Netzseite sollte unbedingt ein Netzfilter eingebaut werden, da die auftretende HF sonst im Netz weiterfließt, und das können schon beträchtliche Leistungen sein.

Wichtig ist auch, dass auf keinen Fall der Erdungspunkt der Sekundärspule mit der Erde der Netzanspeisung verbunden wird. Sonst fließt die HF von der Spule direkt in die Hausinstallation und kann dort alles mögliche anrichten oder sogar einen Kabelbrand auslösen. Für die Sekundärspule benötigt man eine von der Hauserde komplett getrennte, HF-taugliche Erde! Ein 2 m langer Staberder ist das mindeste.

Ein weiterer Filter wird noch zum Schutz der Trafos vor HF aus dem Erregerkreis eingebaut. Er besteht aus einem 47 pF Kondensator, der parallel zu den Trafos liegt. Dieser schließt die an der Funkenstrecke abfallende HF am Trafo kurz. Somit fällt die HF an der vorgeschalteten Drossel (30 µH) ab. Einen noch besseren Schutz bringen zwei Funkenstrecken, sogenannte Schutzfunkenstrecken, mit Erde in der Mitte an den Sekundärklemmen der Trafos. Diese müssen so eingestellt werden, dass sie im Normalbetrieb nicht zünden. Wenn dann HF vom Erregerkreis zum Trafo gelangt, wird diese wirkungsvoll abgeleitet. Schlägt z.B. ein Funke in die Primärspule ein, dann zünden sie und verhindern, dass die Trafowicklungen beschädigt werden.

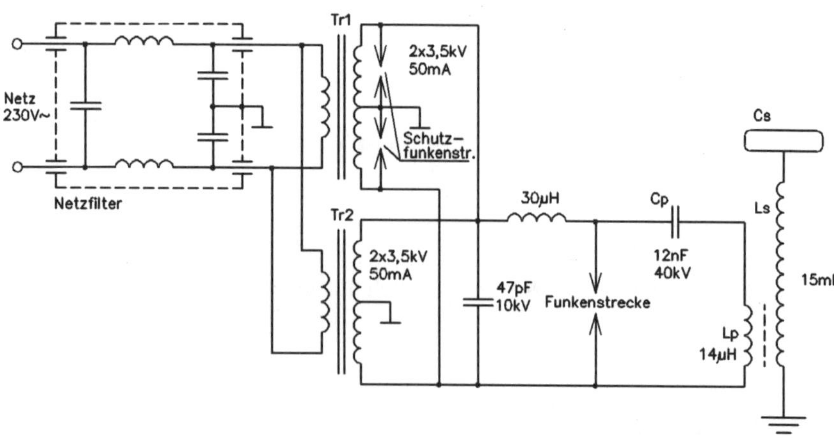

Abb. 103: Schaltung des Teslatrafos

Bei Aufbau dieser Schaltung sollte man immer bedenken, dass das eigentlich ein HF-Generator mit einer Leistung im kW-Bereich ist. Auf entsprechende Abschirmung und Isolation ist also unbedingt zu achten.

7.5 Messungen und Berechnungen

Mit Messungen sieht es bei einem Teslatrafo immer schlecht aus. Denn wird er mit voller Leistung betrieben, so tut man gut daran, jedes elektronische Gerät in Sicherheit zu bringen. Die wenig möglichen Messungen müssen daher immer mit sehr stark verminderter Leistung oder aus großer Entfernung durchgeführt werden.

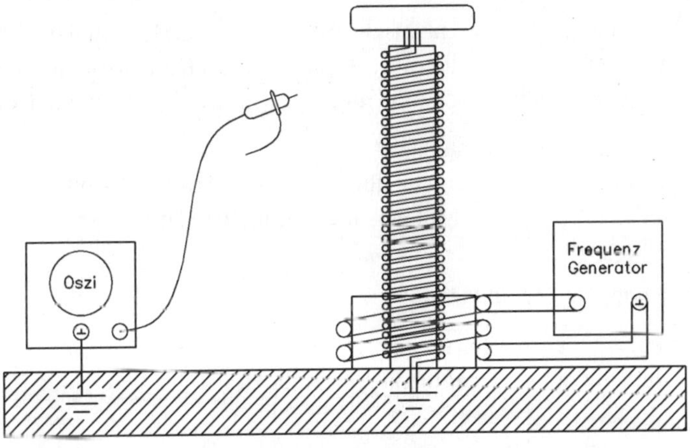

Abb. 104: Messung der Resonanzfrequenz

Eine wichtige Messung ist die Bestimmung der Resonanzfrequenz der Sekundärspule. Es ist darauf zu achten, dass sich keine Gegenstände in ihrem Nahbereich befinden. Diese beeinflussen die Kapazitat der Spule. Die Aufstellung der Spule sollte immer so erfolgen, als würde der Teslatrafo wirklich in Betrieb genommen.

Für die Messung speist man gemäß *Abb. 104* von einem Frequenzgenerator eine Primärspule mit wenigen Windungen (ein bis drei Windungen) und ohne Primärkondensator. Mit einem Oszi wird die Spannung an der Primärspule gemessen. Dazu wird der Tastkopf wie eine Antenne in einiger Entfernung zur Sekundärspule aufgestellt. Die Masse bleibt frei. Durch die unsichtbaren Kapazitäten zwischen Spule und Tastkopf ist er an den Sekundärkreis angekoppelt und nimmt das Feld der Spule auf. Am Oszi ist eine mitunter sehr hohe Spannung im Bereich bis zu 100 Vpp zu messen. Ist der Tastkopf zu nahe an der Spule, so wird die Messung durch seine Kapazität verfälscht. Durch Ändern der Generatorfrequenz wird rasch ein Resonanzpunkt gefunden, indem die Spannung ein Maximum hat.

Dabei ist gut zu erkennen, wie sich leitende Teile im Feldbereich des Resonators auswirken. Nähert man sich nur mit der Hand dem Resonator, so verschiebt sich sofort der Resonanzpunkt durch die Kapazitätserhöhung nach unten.

Für diese Messmethode ist es bei einem Generator mit genügend großer Ausgangsspannung (>30 Vpp) auch möglich, nur den Fußpunkt der Sekundärspule, ähnlich wie in *Abb. 116*, anzuschließen und den zweiten Generatorpol zu erden. Dadurch gibt es keinerlei Beeinflussung mehr durch eine Erregerspule.

Die so ermittelte Resonanzfrequnez entspricht mitunter nicht genau jener, die im Betrieb zur maximalen Funkenlänge führt. Denn die räumliche Ausdehnung des Funkens ist eine zusätzliche Kapazität und setzt somit die Resonanzfrequenz herab.

Für die Messungen an diesem Teslaresonator wurde die Tastkopf-Antennen-Methode mit einem Abstand von 1/2 Meter von der Spule gewählt.

Tabelle 29: Gesamt- und Toroid-Kapazität

Erdung des Fußpunktes	**Toroid an der Spitze**	**Resonanz-Frequenz**	**Gesamt-Kapazität**	**Toroid-Kapazität**
JA	JA	298,7 kHz	18,92 pF	6,97 pF
JA	NEIN	375,8 kHz	11,96 pF	–
NEIN	JA	394,8 kHz	10,83 pF	3,27 pF
NEIN	NEIN	472,6 kHz	7,56 pF	–

Aus diesen Messwerten lässt sich die Kapazität des Toroids und die Gesamtkapazität sehr gut berechnen. Zwischen den Messwerten mit und ohne Toroid ist immer eine Änderung von ca. 77,5 kHz zu erkennen. Das heißt aber nicht, dass die wirksame Toroid-Kapazität in beiden Fällen die gleiche ist. Denn es ist zu beachten, dass die Messwerte selbst und nicht die Differenz quadratisch in die Rechnung eingehen. Für eine konstante Induktivität errechnet sich die Kapazität des Toroids nach Formel 14.

Man erhält somit für den geerdeten Fußpunkt eine Toroid-Kapazität von 6,97 pF. Für die ungeerdete Spule errechnet sich eine Kapazität von 3,27 pF.

Es ist daraus deutlich zu erkennen, dass der Gegenpol zum Toroid die geerdete Grundfläche ist. Wird diese Verbindung unterbrochen, so kann nur mehr die Spulenoberfläche als Gegenpol dienen und die Kapazität sinkt ab. Um die Gesamtkapazität des Schwingkreises für einen Messpunkt zu errechnen, muss nur in Formel 9 eingesetzt werden, um C zu erhalten.

$$f=\frac{1}{2\Pi\sqrt{LC}} \Rightarrow C=\frac{1}{4\Pi^2 f^2 L} \Rightarrow C_S=\frac{1}{4\Pi^2 f_S^2 L} \text{ bzw}: C_T + C_S = \frac{1}{4\Pi^2 f_T^2 L}$$

$$\Rightarrow C_T = \frac{1}{4\Pi^2 L} * \left(\frac{1}{f_T^2}-\frac{1}{f_S^2}\right) = \frac{1}{4\Pi^2\, 0{,}015\,\frac{Vs}{A}} * \left(\frac{1}{[298700\,\frac{1}{s}]^2}-\frac{1}{[375800\,\frac{1}{s}]^2}\right) = 6{,}97\,\text{pF}$$

f.....Resonanzfrequenz in Hz $= \frac{1}{s}$

L.....Induktivität in H $= \frac{Vs}{A}$

C.....Kapazitätsänderung in F $= \frac{As}{V}$

X_T...Index für Toroid

X_S...Index für Sekundärspule

Formel 14: Berechnung der Toroid-Kapazität

7.6 Die Entladungen

Dieser Teslatrafo erzeugt wohl die eindrucksvollsten Entladungen aller hier vorgestellten Geräte. Bei maximaler Leistung werden die Funken bis zu 60 cm lang !

In *Abb. 77* (s. Farbteil) ist so eine Entladung dargestellt. Durch Verkürzung der Funkenstrecke und Reduzieren der Versorgungsspannung wurde die Leistung für diese Nahaufnahme verringert. Die Funkenlänge beträgt nur noch ca. 20 cm. Der Funke schlägt auf eine geerdete Elektrode über. Dadurch fließt verhältnismäßig viel Strom, was sich in der hellblauen Farbe äußert.

Durch die lange Belichtungszeit von etwa ½ Sekunde sind viele Funkenkanäle zu sehen. Betrachten wir so einen Funken, dann sieht es aus, als würde er sich um seinen Mittelpunkt herum bewegen, da nur der Funkenkanal gesehen wird, der gerade Strom führt.

Auf dem unteren Ausläufer ist schön zu erkennen, wie sehr so ein Funke einem echten Blitz ähnelt. Durch die sehr schnell ansteigende Spannung hat die Spitze der Elektrode kaum Zeit, Ladungsträger im Raum zu verteilen, um die Luft zu ionisieren. Der Durchbruch erfolgt dann nicht immer auf dem kürzesten Weg, sondern auf dem am besten leitenden. Das führt zu den charakteristischen

Ecken und Verästelungen eines richtigen Blitzes. Das ist übrigens bei allen Funkenkanälen andeutungsweise zu erkennen. Doch da die erhitzte Luft aufsteigt, biegt sie die Funken nach oben, wodurch die Ecken verschliffen werden.

Noch ähnlicher wird der Funken einem echten Blitz, wenn nur eine Elektrode verwendet wird. Die Funken sind dann nicht so heiß und behalten ihre natürliche Form weitgehend bei. Der Funken in *Abb. 76* (s. Farbteil) wurde wieder unter verringerter Leistung an einer offenen Elektrode aufgenommen. Die Ausläufer besitzen die charakteristischen Ecken, die auch ein richtiger Blitz ausweist, wie unter *Abb. 79* dargestellt. Sie sind nur nicht so heiß und erscheinen deshalb auch in einem etwas bläulicheren Farbton.

In *Abb. 78* ist eine Entladung an einer kugelförmigen Elektrode zu sehen. Das zeigt, wie hoch die Spannung sein muss. Denn ohne Probleme zünden die Funken auch an der Kugel.

Mit dieser Elektrode kann man gut die oben erwähnte Durchdringung von Isolatoren demonstrieren. Stülpt man über die Elektrode ein Glas, so wird es von den Funken durchdrungen, als wäre es leitend. Es bilden sich innen Funken, die außen weiterlaufen, als sei kein Glas vorhanden.

Vorsicht, das Glas kann durch die Erwärmung zerspringen!

Auch ein Kunststoffisolator wird problemlos durchdrungen, schmilzt aber sehr schnell. Es ist sehr schwierig, einen Isolator zu finden, der den Funken aufhalten kann.

Alle hier dargestellten Bilder sowie das PSpice Modell finden sie im Internet auf der HC&RS Home Labor Page.

HC&RS Home Labor Page:	`http://www.hcrs.htl-hl.ac.at`
Groß Teslatrafo:	`http://www3.htl-hl.ac.at/homepage/hcrs/teslatr.htm`

8 Kunststoffschweißgerät

Beim HF-Schweißen wird die kapazitive Erwärmung von dielektrischen Materialien ausgenutzt. Die zu verschweißenden Teile werden übereinander gelegt und zwischen zwei Elektroden eingeklemmt. An die Elektroden wird eine hohe HF-Spannung angelegt, wodurch sich das Material aufgrund seiner dielektrischen Verluste erwärmt. Wenn es genügend leicht verformbar ist, wird es durch die Elektroden zusammengedrückt und so verschweißt.

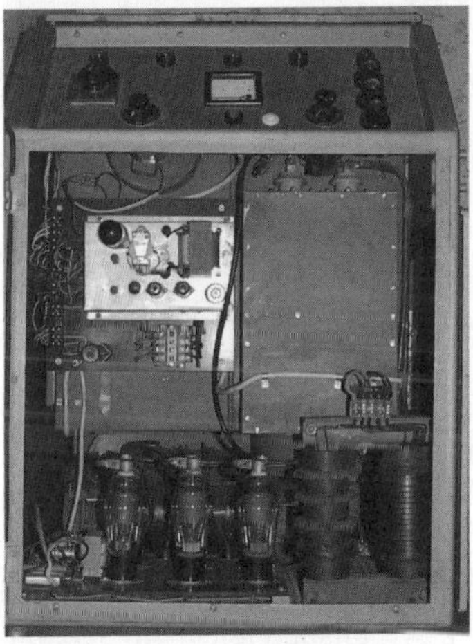

Abb. 105: Vorderansicht des Kunststoffschweißgerätes

In *Abb. 105* ist der HF-Generator eines Kunststoffschweißgerätes aus dem Baujahr 1968 zu sehen. Die eigentliche Schweißpresse ist nicht dargestellt. Der HF-Generator erzeugt eine Frequenz von 27,12 MHz mit einer Leistung von 1500 W. Wie es für die damalige Zeit üblich war, ist er durchwegs mit Röhren aufgebaut. Die Anspeisung erfolgt wegen der hohen Leistung schon mit Drehstrom.

8.1 Schaltungsbeschreibung

Die Schaltung in *Abb. 106* zeigt die Netzversorgung und den HF-Teil. Schaltungen zum Überstromschutz und zur Schweißzeiteinstellung sind nicht eingezeichnet.

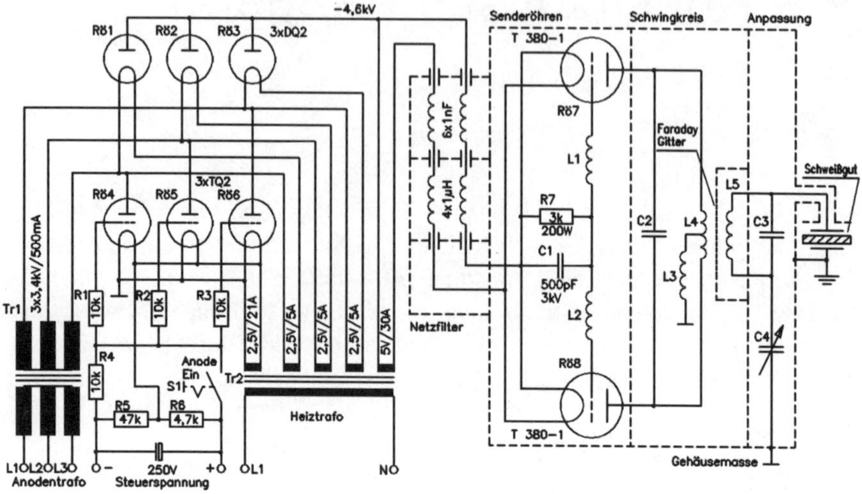

Abb. 106: Schaltung des Kunststoffschweißgerätes

Als Gleichrichter werden hier noch die klassischen Quecksilbergleichrichter DQ2 bzw. TQ2 verwendet, die im Betrieb ein bläuliches Licht erzeugen, wie in *Abb. 69* (s. Farbteil) dargestellt.

Auch wenn heute Thyristoren für solche Aufgaben eingesetzt werden, müssen aufgrund der hohen Spannungen mehrere in Serie geschaltet werden, was aufwendig und teuer wird. So ist es, vor allem im Hobbybereich, durchaus noch angebracht, mit den Problemen zu leben, die solche Röhren mit sich bringen. Gemeint sind damit hauptsächlich Temperaturprobleme. Wenn der Gasdruck aufgrund der Temperatur nicht in einem gewissen Arbeitsbereich liegt, kommt es zu einem unkontrollierten Durchzünden der Röhre im Sperrzustand, was einen Kurzschluss des Anodentrafos gleichkommt.

Aus diesem Grund wird der Anodentrafo erst nach Ablauf der Vorheizzeit von ca. 2 Minuten an das Netz geschaltet. Denn wenn die Gleichrichter noch kalt sind, kommt es fast immer zu Fehlzündungen, auch wenn sie nicht angesteuert werden.

Der Gleichrichter besteht aus drei Gasdioden DQ2 und drei Gastrioden TQ2. Die Heizung der Gleichrichterröhren erfolgt über den Heiztrafo Tr2. Jede der Röhren Rö1 bis Rö3 besitzt eine eigene, isolierte Wicklung. Die Heizungen der Röhren Rö4 bis Rö5 sind parallel geschaltet.

Die Gastrioden verfügen über ein zusätzliches Steuergitter, über das ähnlich wie bei einem Thyristor, der Stromfluss kontrolliert werden kann. Hier wird aber keine Phasenanschnittsteuerung durchgeführt, sondern nur der komplette Gleichrichter gesperrt oder aktiviert.

Das geschieht über die Schaltung mit den Widerständen R1 bis R6. Der Spannungsteiler R5/R6 teilt die Steuerspannung im Verhältnis 1:10 auf. Der Mittelpunkt des Teilers ist mit den Kathoden der Röhren verbunden. Bei offenem Schalter S1 gelangt über den Widerstand R4 eine negative Spannung von ca. 200 V an die Gitter der Röhren Rö4 bis Rö6. Alle drei Röhren sind dadurch sicher gesperrt und lassen auch bei positiver Anodenspannung keinen Strom fließen.

Wird S1 geschlossen, so gelangt eine positive Spannung an die Gitter, wodurch der Gleichrichter aktiviert wird und die Senderöhren die gleichgerichtete Spannung von ca. 4,6 kV erhalten. Eine weitere Glättung dieser Spannung ist nicht mehr nötig, da die 6-pulsige Gleichrichterschaltung nur eine sehr geringe Welligkeit in der Gleichspannung erzeugt.

Die Gleichspannung ist in bezug auf Masse negativ, da die Kathodenseite des Gleichrichters geerdet ist. Die Anoden der Senderöhren sind ebenfalls über den Schwingkreis geerdet, womit die Spannung also polrichtig auf die Anoden der Senderöhren gelangt.

An den Kathoden der Senderöhren Rö7 und Rö8 liegen demnach –4,6 kV Gleichspannung gegenüber Masse an. Die Zuführung der Heiz- und Anodenspannung erfolgt über ein Filter, das HF-Auskopplungen verhindert.

Das Herzstück des HF-Generators sind die beiden T380-1 (BBC) Senderöhren. Sie werden ebenfalls über eine für 4,6 kV isolierte Wicklung von Tr2 beheizt.

Die HF-Schaltung besitzt keine sichtbare Rückkopplung zur Schwingungserregung. Ein kleiner Trick, der doch eine Rückkopplung erzeugt, ist unter 8.2.2 beschrieben. Grundsätzlich kann so eine Schaltung aber dennoch funktionieren. Denn die beiden Röhren sind Trioden. Diese haben die Eigenschaft, dass bedingt durch die Kapazität zwischen Anode und Steuergitter eine sogenannte Anodenrückwirkung entsteht, also eine unsichtbare Kapazität zwischen den Gitter- und Anodenanschlüssen jeder Röhre.

Ist eine Röhre gesperrt, also das Steuergitter stark negativ, dann tritt auf der Anode die maximale Spannung auf. Das hat zur Folge, dass durch die Rückwirkung auch eine positive Spannung auf das Steuergitter übertragen wird. Das funktioniert natürlich nur im dynamischen Fall, also mit Wechselspannung. Eine positive Spannung am Gitter lässt die Röhre leitend werden, wodurch die Spannung an der Anode zusammenbricht und somit auch die Rückwirkung schwächer wird. Die Röhre sperrt dann wieder. Ist eine solche Röhre an einen

Schwingkreis genügend hoher Güte angeschlossen, wird der Schwingkreis auf seiner Resonanzfrequenz erregt.

Die Steuergitter der Röhren müssen für diese Art der Selbsterregung für Hochfrequenz hochohmig sein. Das wird durch die beiden Drosseln L1 und L2 in Serie zu den Gittern erreicht. Die Daten der Drosseln sind in Tabelle 30 zusammengestellt. Mit R7 erfolgt im Betrieb, wie schon unter Punkt 2.1.1 beschrieben, die automatische Gitterspannungserzeugung. C1 glättet die Gitterspannung noch ein wenig.

8.2 Aufbau

Der HF-Teil ist komplett in einer Aluminium-Schirmung untergebracht. Zur schnellen Zugänglichkeit der einzelnen Komponenten sind Deckel mit Schnellverschlüssen vorgesehen, die über eine HF-Dichtung die Schirmung aufrechterhalten. Eine HF-Dichtung ist ein weiches Metallgeflecht, dass sich gut an die Form des Deckels anpasst und so eine sichere Masseverbindung zum Gehäuse gewährleistet.

Zusätzlich zur Schirmung der gesamten Einheit nach außen ist noch der Schwingkreis von den Röhren und der Anpassung abgeschirmt. Das ist bei so großer Leistung unbedingt erforderlich, um eine Beeinflussung der einzelnen Komponenten untereinander zu vermeiden. Eine solche führt immer zu unkontrollierbaren Schwingungen.

Die Komponenten werden jetzt im einzelnen näher beschrieben.

8.2.1 Spannungsversorgung

Wichtig ist, dass die Heizwicklungen für die Röhren Rö1 bis Rö3, Rö7 und Rö8 für Hochspannung gegeneinander und gegen Masse isoliert sind. Denn hier liegen direkt die 3,4 kV vom Anodentrafo Tr1 an. An den Senderöhren sogar -4,6 kV Gleichspannung.

In *Abb. 105* ist der Heiztrafo rechts unten im Bild zu sehen. Die oberen drei scheibenförmigen Wicklungen auf dem linken Schenkel sind die Wicklungen für Rö1 bis Rö3. Durch ihren großen Abstand zueinander und gegen die darunterliegende Primärwicklung sind sie ausreichend gegen die Trafospannung isoliert. Die unterste Wicklungsscheibe versorgt Rö4 bis Rö6. Die starke Wicklung auf dem rechten Schenkel versorgt die Senderöhren, die gemeinsam immerhin 30 A Heizstrom benötigen.

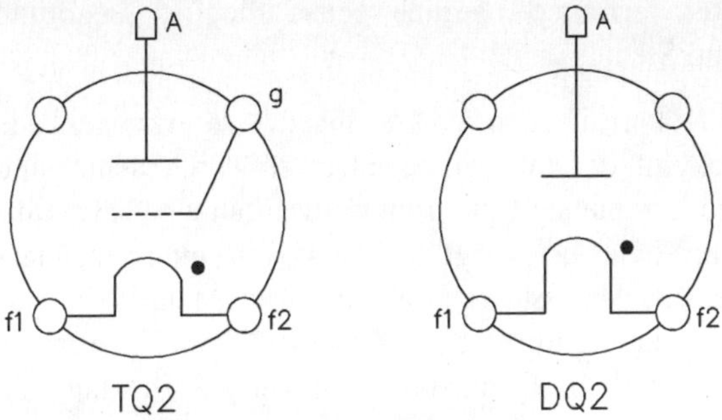

Abb. 107: Sockelschaltung der Gleichrichterröhren (von unten)

Abb. 108: Quecksilbergleichrichter links, TQ2, rechts DQ2

Links neben dem Heiztrafo sind die Gleichrichterröhren zu erkennen. Hinter dem Heiztrafo befindet sich das Filter, über das die Spannung an die Röhren geführt wird. Es besteht aus sechs Stück 1 nF Durchführungskondensatoren und vier Luftspulen, ähnlich L1 und L2, mit jeweils ca. acht Windungen.

In *Abb. 113* ist der Anodentrafo unter dem Schwingkreis zu sehen. Es ist ein dreischenkeliger Drehstromtrafo. Der Hochspannungsausgang ist nicht zu sehen, da er sich direkt auf den Wicklungen befindet. Das spart drei Hochspannungsklemmen.

8.2.2 Senderöhren

Die Senderöhren sind zwei der in *Abb. 110* dargestellten T380-1 (BBC). Es sind direkt beheizte, strahlungsgekühlte Trioden mit 380 W Anodenverlustleistung. Es können hierfür auch ähnliche Röhrentypen, wie z.B. TBL 3-750 (Valvo), verwendet werden. Wichtig ist, dass es Trioden und keine Tetroden oder Pentoden sind, da sonst keine Erregung über die Anodenrückwirkung möglich ist. Ein Schirmgitter verringert nämlich genau die hier benötigte Kapazität zwischen Anode und Steuergitter.

In *Abb. 112* sind die beiden Röhren im unteren Gehäuseteil zu erkennen. Sie werden durch einen Lüfter gekühlt, der unter ihnen außerhalb der Abschirmung angebracht ist. Der von außen kommende Luftstrom wird durch ein Abschirmgitter und die Röhrensockel zerstreut. Das sorgt gleichzeitig für eine besonders gute Kühlung der Röhrensockel. Das ist wichtig, denn die Metallstifte des Sockels leiten viel Wärme aus der Röhre heraus, die abgeführt werden muss. Die Röhren dürfen nie direkt mit einem Lüfter beblasen werden. Das kann zu Sprüngen im Glaskolben führen.

Die Abluft der Röhren wird noch durch ein Schirmgitter zur Anpasseinheit weiter geführt, in der aber keine große Verlustwärme erzeugt wird. Durch ein Gitter auf der Oberseite des Gehäuses tritt die warme Luft dann aus.

Abb. 109: Sockelschaltung der T380-1 (von unten)

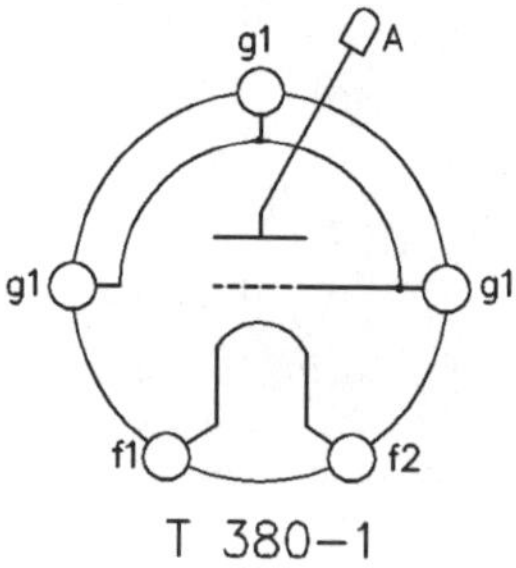

Abb. 110: Leistungstriode T380-1

An den Anodenanschlüssen der Röhren sind zusätzliche Kühlkörper angebracht. Auch das Metall der Anschlusskappe leitet viel Wärme von der ohnehin sehr heißen Anode nach außen. Auf keinen Fall dürfen Lötverbindungen für den Anodenanschluss verwendet werden. Die würden bei den hohen Temperaturen sofort schmelzen.

Tabelle 30: Daten der Spulen L1 und L2

Windungszahl:	6
Spulendurchmesser:	23 mm innen
Drahtdurchmesser:	2 mm Kupferdraht
Induktivität:	Ca. 0,8 µH

Die Montage der Röhren erfolgt auf zwei 15x29 cm großen Aluminiumplatten, die durch eine Lage 0,5 mm dickes Isolierpapier voneinander getrennt sind. Entsprechende Bohrungen und Isolierscheiben sind für die Schrauben vorzusehen, um die Isolation aufrechtzuerhalten. Die Montage der Röhrensockel auf den Platten ist in *Abb. 111* dargestellt.

Abb. 111: Montage der Röhrensockel auf zwei Aluminiumplatten

An diese beiden Platten erfolgt der Heizspannungsanschluss über die beiden Kupferbänder rechts im Bild. Die Kapazität von ca. 1,3 nF zwischen den Platten schließt die Heizanschlüsse für Hochfrequenz kurz, was die Verteilung der HF auf der Heizwendel (=Kathode) linearisiert. Denn die Windungen der Wendel haben natürlich eine Induktivität, an der HF abfallen kann.

Die obere der beiden Platten ist am Rand 10 cm nach oben aufgebogen, wie in *Abb. 112* zu erkennen ist. Gegenüber diesen Platten befinden sich im Abstand von ca. 1,5 cm zwei weitere Platten, die jeweils mit der Anode einer Röhre verbunden sind. Durch diese Anordnung wird ein geringer Teil der HF aus dem Schwingkreis in die Kathoden der Röhren eingekoppelt, was beim Start des Oszillators hilfreich ist. Für eine Erregung mit dieser Kopplung ist die Induktivität der Aluminiumplatte zu gering. Es wird ja nur der Spannungsabfall an der oberen Plattenhälfte in eine Röhre eingekoppelt. Deshalb ist es wichtig, R7 und C1 genau in der Mitte dieser Platte anzuschließen, da sonst Unsymmetrien auftreten.

Abb. 112: Seitenansicht mit Röhren und Anpassung

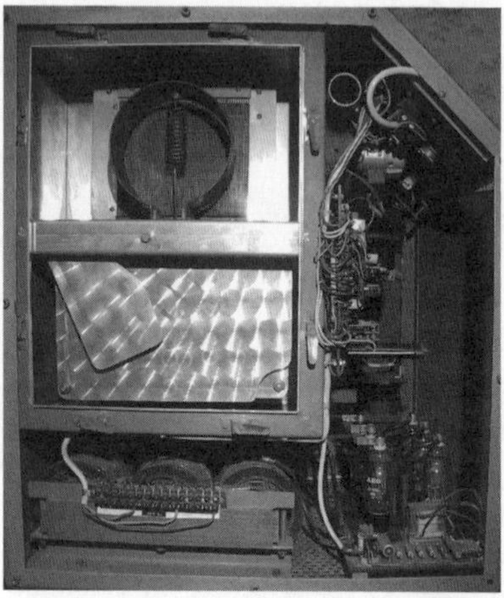

Abb. 113: Seitenansicht mit Schwingkreis

8.2.3 Schwingkreis

Um den unterschiedlichsten Lastverhältnissen gerecht zu werden, die während eines Schweißvorganges auftreten können, muss die Blindleistung des Schwingkreises im Vergleich zur entnommenen Leistung sehr groß sein. Das ist notwendig, damit sich die Frequenz mit der Belastung nicht außerhalb der freigegebenen Industriefrequenz von 27,120 MHz±0,6% ändert. Die Ausmaße der Bauteile sind deshalb schon sehr gewaltig.

Die Spule L4 besteht aus über 1 kg Kupfer in Form eines 3 mm dicken und 9 cm breiten Blechbandes, das zu einem Kreis mit 16 cm Durchmesser gebogen ist. Dadurch erhält sie eine große Oberfläche, was wichtig ist, um die entstehende Verlustwärme gut abgeben zu können. Die schwarze Färbung des Kupfers lässt auf die erreichten Temperaturen schließen. Bedingt durch die hohe Blindleistung fließt durch die Spule auch ein sehr großer Blindstrom.

Tabelle 31: Daten der Schwingkreisspule L4

Spulendurchmesser:	160 mm
Blechdicke:	3 mm Kupferblech
Spulentiefe:	90 mm
Induktivität:	Ca. 180 nH

Eine zusätzliche Kühlung muss unbedingt vorgesehen werden. Dazu ist ein kleiner Lüfter rechts neben der Spule in die Wand eingebaut. In *Abb. 113* ist er am rechten Bildrand zu erkennen. Er saugt die über der Spule, dem Kondensator und dem Faraday-Gitter entstehende warme Luft ab. Die Luftzufuhr erfolgt über ein Gitter am Boden des Schwingkreisgehäuses.

In die Mitte von L4 führt der Masseanschluss über eine weitere Spule L3, die wieder die Unsymmetrien in der Gegentaktschaltung ausgleicht. Diese Spule besteht aus zwölf Windungen mit 3 mm dicken Kupferdraht.

Auch der Kondensator C2 ist sehr massiv ausgelegt. Er besteht aus 32x22 cm großen und 2 mm dicken Aluminiumplatten, die mit einem Abstand von 1,5 cm zueinander verschachtelt sind. Das Prinzip ist in *Abb. 102* dargestellt, seine Kapazität kann nach Formel 13 berechnet werden. Insgesamt sind sechs solcher Platten abwechselnd miteinander verschachtelt. Durch Keramik sind sie gegen das Gehäuse und gegeneinander isoliert. Direkt an den Verbindungsstellen ist in der Mitte des Kondensators die Spule L4 angeschlossen.

Tabelle 32: Daten der Zuführungsspule L3

Windungszahl:	12
Spulendurchmesser:	23 mm innen
Drahtdurchmesser:	3 mm Kupferdraht
Induktivität:	Ca. 1,3 µH

Tabelle 33: Daten des Kondensators C2

Plattenzahl:	6 Stück abwechselnd verbunden
Plattengröße:	320x220 mm, 2 mm dickes Al
Plattenabstand:	15 mm
Kapazität:	Ca. 200 pF

Alle Bauteile des Schwingkreises müssen einen genügend großen Isolierabstand gegen das Gehäuse aufweisen. Auch wenn sie gleichstrommäßig auf Masse liegen, tritt im Betrieb an ihnen eine hohe HF-Spannung auf. Weiter dürfen keine Spitzen oder scharfe Kanten vorhanden sein. Besonders im Kondensator kann es dadurch zu Überschlägen kommen.

Alle Schrauben, Scheiben und Muttern, die mit der HF in Berührung kommen oder leiten sollen, sind unbedingt eisenlos zu fertigen. Durch die hohen Verluste und die Fähigkeit, Magnetfelder in sich zu bündeln, können Eisenteile sehr heiß werden oder sogar schmelzen. Hier wurden durchgehend nur Messingschrauben verwendet.

8.2.4 Faraday-Gitter

Das Faraday-Gitter verhindert, dass im Fehlerfall die Anodengleichspannung auf den Ausgang gelangen kann. So eine Trennung von Ein- und Ausgang ist bei allen HF-Geräten vorgeschrieben, an denen ständig mit der HF gearbeitet wird. Besonders natürlich bei Haushalts- oder medizinischen Geräten.

Das Gitter besteht aus zwei gekreuzt verlaufenden Lagen von Messingdrähten. Auf einer Seite sind die Drähte jeder Lage mit der Gehäusemasse verbunden. Auf der gegenüberliegenden Seite stecken die Drähte in einem Isolierteil aus Glasfasermaterial. Die zweite Lage auf der Rückseite der Blechblende ist um 90° gedreht angebracht, damit sich die Drähte der beiden Lagen nicht berühren.

Durch die einseitige Isolation der Drähte gegeneinander und gegen das Gehäuse wird ein Kurzschluss verhindert. Denn in den einzelnen Drähten wird natürlich eine Spannung durch die Primärspule induziert. Da die einzelnen Leiterschleifen aber unterbrochen sind, kann in den Drähten kein Strom fließen.

Abb. 114: Schwingkreisspule und Faraday-Gitter

Die Verluste beschränken sich auf Wirbelstromverluste im Material selbst. Das führt im Betrieb trotzdem zu einer sehr starken Erwärmung des Gitters. Auf eine ausreichende Kühlung ist zu achten.

Für magnetische Felder ist dieses Gitter weitgehend durchlässig. Elektrische Felder werden durch die auf Masse liegenden Drähte wirkungsvoll aufgehalten. Schlägt z.B. ein Funken von der Primärspule auf das Gitter über, wird er auf Masse abgeleitet. Er kann nie die Sekundärspule treffen.

Ein weiterer positiver Effekt ist, dass durch so ein Gitter jegliche kapazitive Kopplung unterbunden wird. Kapazitive Kopplungen entstehen aufgrund der großen Oberflächen der Spulen und führen meist zu unkontrollierbaren Schwingungen bei Änderung der Last.

Tabelle 34: Daten des Faraday-Gitters

Drahtdurchmesser:	2 mm Messingdrähte
Anzahl der Drähte:	60 Drähte pro Gitterlage
Abstand zwischen den Drähten:	Ca. 1,5 mm
Abstand zwischen den Lagen:	10 mm
Abmessungen des Gitters:	200x200 mm, 15 mm dick

8.2.5 Auskopplung und Anpassung

Die Auskoppelspule L5 ist im Vergleich zur Schwingkreisspule L4 nicht mehr ganz so groß. Denn hier muss nicht mehr der gesamte Blindstrom des Schwingkreises fließen.

Die Auskoppelspule besteht aus einem 15 mm dicken Kupferrohr, das zu einem Kreis mit 16 cm Durchmesser gebogen ist. Die Spule befindet sich in einem eigenen Blechkasten, wie in *Abb. 115* zu sehen ist. Sie ist ca. 5 cm von der Primärspule L4 entfernt. Dazwischen liegt noch das Faraday-Gitter.

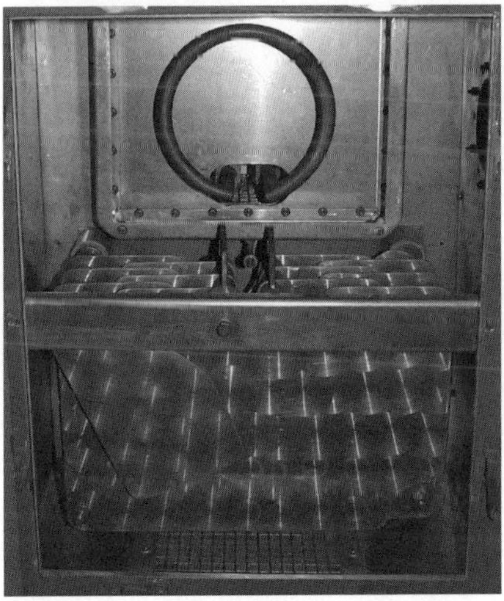

Abb. 115: Auskoppelspule (Faraday-Gitter und Primärspule abgenommen)

Tabelle 35: Daten der Auskoppelspule L5

Spulendurchmesser:	160 mm außen
Leiterdurchmesser:	15 mm Kupferrohr
	0,5 mm Wandstärke
Induktivität:	Ca. 200 nH

Die Anpasseinheit ist in *Abb. 112* im oberen Gehäuse zu sehen. Sie wird durch den Kondensator C3 gebildet, der aus zwei 15x29 cm großen Aluminiumplatten im Abstand von 1 cm besteht. C3 steht auf vier Keramiksäulen und bildet gleichzeitig den mechanischen Halt für die Auskoppelspule L5.

Keramik ist übrigens bei allen Isolierteilen in diesem Gerät verwendet. Gerade in der Anpasseinheit ist das besonders wichtig, da hier sehr hohe HF-Spannungen auftreten. Ein Kunststoffisolator wird diesen Spannungen nicht lange standhalten können. Das Gerät soll ja Kunststoff schmelzen. Das tut es leider auch mit den Isolierteilen.

Der einzige variable Kondensator in diesem Gerät ist C4. Er besteht nur aus einer 15x29 cm großen Aluminiumplatte, die mit einem Gestänge von außen gekippt werden kann. Sie ist am linken Ende drehbar gelagert und über ein Kupferband geerdet. Sie kann so der oberen Platte von C3 genähert werden, wodurch sich die Kapazität erhöht. Bei rein ohmscher Last kann damit die abgegebene Leistung eingestellt werden. Wenn sich die beiden Platten berühren, tritt die größte Leistung auf. Induktive Lasten können mit C4 gut auf Resonanz abgeglichen werden.

Tabelle 36: Daten des Kondensators C3

Plattenzahl:	2 Stück
Plattengröße:	150x290 mm, 2 mm dick
Plattenabstand:	10 mm
Kapazität:	Ca. 40 pF

8.3 Anschluss eines Teslatrafos

Da sich ein Teslatrafo an fast jede Hochfrequenzquelle anschließen lässt, ist es auch hier möglich. Hilfreich ist hierbei, dass das Schweißgerät für relativ hochohmige Lasten ausgelegt ist. Im Betrieb arbeitet es ja nur auf die Kapazität der Schweißelektroden. Der dielektrische Verlustwiderstand des Kunststoffes ist der Lastwiderstand und im allgemeinen sehr groß. Der Generator muss deshalb auch eine sehr hohe HF-Spannung liefern.

Das macht es möglich, den Teslatrafo auf sehr seltsame, aber einfache Art und Weise anzuschließen. Es wird gemäss Abb. 116 nur der Fußpunkt des Teslatrafos an den Generatorausgang angeschlossen, wie es auch schon für die Messungen am Teslatrafo unter Punkt 7.5 gemacht wurde. Der Rückweg für die HF sind hier natürlich wieder die unsichtbaren Kapazitäten der Wicklung gegen Masse. Bei genügend hoher Spannung, wie sie hier zur Verfügung steht, ist auch so eine effiziente Energieübertragung möglich.

Eine hohe Windungszahl steht bei einem Teslatrafo nicht für eine hohe Spannung. Das zeigt sich hier eindrucksvoll. Es ist enorm wichtig, die richtige Resonanzfrequenz einzuhalten. Da die Generatorfrequenz nicht verstellt werden kann, muss der Teslatrafo angepasst werden. Es ist nur ein sehr kleiner Bereich von einigen Windungen, in dem er funktioniert. Eine einzige Windung zuviel kann hier schon eine totale Fehlabstimmung bedeuten. Da keine Oberwellen erzeugt werden, tritt dann überhaupt keine Funkenbildung mehr auf.

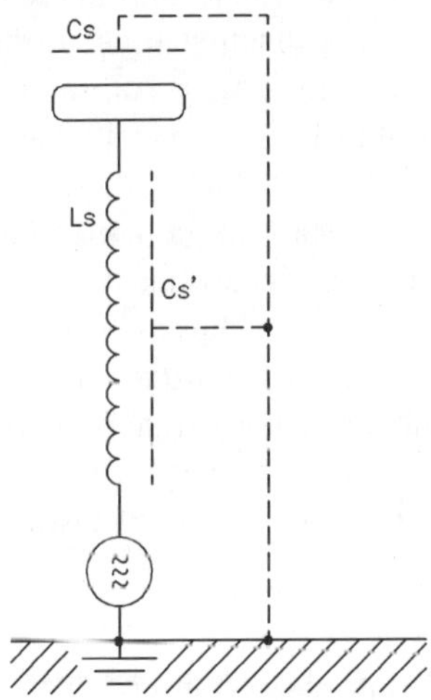

Abb. 110: Anschluss des Teslatrafos am Fußpunkt

Abb. 117: Teslatrafo für den Anschluss an das Kunststoffschweißgerät

Eine erste, grobe Abstimmung des Teslatrafos kann auch hier wieder nach der unter Punkt 7.5 beschriebenen Methode unter geringer Leistung, sozusagen im Trockenen, durchgeführt werden.

Die Feinabstimmung muss dann unter voller Leistung über die Länge der Elektrode an der Spitze erfolgen. Eine höhere Elektrode besitzt eine größere Kapazität, was sich in einer niedrigeren Resonanzfrequenz äußert. Wenn die Elektrode mit der Zeit durch die Entladungen abschmilzt, kommt das einer Verstimmung gleich. Dann muss die Elektrode ausgetauscht oder verlängert werden.

Abb. 117 zeigt den sehr klein wirkenden Teslatrafo, dem man die gewaltigen Entladungen gar nicht zumuten würde. Hier zeigt sich, dass Leistung eben durch nichts ersetzt werden kann.

In Tabelle 37 sind seine wichtigsten Daten zusammengestellt. Er ist auf einem keramischen Spulenkörper gewickelt. Das ist das sicherste für längeren Betrieb. Ein Kunststoffrohr kann hier zu Problemen führen, wenn es sich dielektrisch erwärmt. Für erste, kurze Versuche und zum Herausfinden der optimalen Abmessungen reicht es aber aus.

Abb. 67 (s. Farbteil) zeigt die eindrucksvolle Entladung des Teslatrafos. Eine ca. 10 cm lange Flamme aus heißer, ionisierter Luft bildet sich auf der Spitze des Teslatrafos. Durch die extrem hohe Leistung wird die Luft so stark erhitzt, dass sie praktisch komplett leitend wird. Verästelungen können sich nur mehr am unteren Ende der Flamme bilden, wo die Ionisation noch nicht vollständig ist. Diese Flammen haben eine gewisse Ähnlichkeit mit den Plasmabällen, die sich in einem Mikrowellenherd bilden. Da hier keine Abschirmung die heiße Luft vor dem Aufsteigen hindert, wird die Flamme sehr stark in die Länge gezogen. Verästelungen können nur durch sehr kurze Impulse erzeugt werden. Mit Hilfe der steuerbaren Gastrioden ist es möglich, die Anodenspannung nur für einige Millisekunden einzuschalten. Das erzeugt dann wieder die verästelten Entladungen, die wir von gepulsten Teslaanlagen her kennen. In *Abb. 68* (s. Farbteil) ist eine solche Entladung dargestellt. Die Struktur ist aber nicht mehr so fein wie bei richtigen Pulsanlagen. Es fließt hier einfach zu viel Leistung nach, die den Funkenkanal sofort aufheizt.

Tabelle 37: Daten des Teslatrafos zum Anschluss an das Kunststoffschweißgerät

Wicklung:	33 Wdg. mit 2,5 mm^2 Kupferdraht
Windungsabstand:	6 mm
Spulendurchmesser:	40 mm
Spulenhöhe:	20 cm
Induktivität:	12 µH gemessen bei 1 kHz
GS-Widerstand:	30 mΩ

Alle hier dargestellten Bilder sowie Videos zu den Experimenten finden sie im Internet auf der HC&RS Home Labor Page.

HC&RS Home Labor Page:	`Http://www.hcrs.htl-hl.ac.at`
Kunststoffschweißgerät:	`Http://www3.htl-hl.ac.at/homepage/hcrs/hfschw.htm`

Sachverzeichnis